高等职业教育"十三五"规划教材（自动化专业课程群）

机械工程材料

主　编　王海静　杨新莲　王　婕

副主编　郭　浩　钟学奎

主　审　王瑞清

中国水利水电出版社

www.waterpub.com.cn

·北京·

内 容 提 要

　　本书设置9个学习情境：金属的晶体结构与结晶、铁碳相图、钢的热处理、钢的表面处理、金属材质检验、碳钢与合金钢、铸铁、有色金属、非金属材料。在每个学习情境下设置多个子学习情境，每个子学习情境按照"学习目标－情境导入－知识链接－任务实施"的顺序进行编写，突出职业教育的特点。为适应高职高专学生的特点，满足高职高专人才培养目标的要求，本书对传统的教材内容进行了适当调整，更加注重知识的应用，对目前一些新材料的应用也进行了简单介绍，在内容安排上尽量选择与实践相关的题材和典型案例来创设情境。

　　本书可作为高职高专院校、成人高校、中等职业学校相关专业"机械工程材料"课程的教材，也可供相关工程技术人员参考。

图书在版编目（ＣＩＰ）数据

机械工程材料 / 王海静，杨新莲，王婕主编. -- 北
京 : 中国水利水电出版社，2017.12
高等职业教育"十三五"规划教材. 自动化专业课程群
ISBN 978-7-5170-6072-7

Ⅰ．①机… Ⅱ．①王… ②杨… ③王… Ⅲ．①机械制
造材料－高等职业教育－教材 Ⅳ．①TH14

中国版本图书馆CIP数据核字(2017)第290559号

策划编辑：祝智敏/赵佳琦　　责任编辑：张玉玲　　加工编辑：王玉梅　　封面设计：李　佳

书　　名	高等职业教育"十三五"规划教材（自动化专业课程群） 机械工程材料 JIXIE GONGCHENG CAILIAO
作　　者	主编　王海静　杨新莲　王　婕 副主编　郭　浩　钟学奎 主审　王瑞清
出版发行	中国水利水电出版社 （北京市海淀区玉渊潭南路1号D座　100038） 网址：www.waterpub.com.cn E-mail：mchannel@263.net（万水） 　　　　sales@waterpub.com.cn 电话：（010）68367658（营销中心）、82562819（万水）
经　　售	全国各地新华书店和相关出版物销售网点
排　　版	北京万水电子信息有限公司
印　　刷	三河市铭浩彩色印装有限公司
规　　格	210mm×285mm　16开本　9.25印张　318千字
版　　次	2017年12月第1版　2017年12月第1次印刷
印　　数	0001—3000册
定　　价	22.00元

凡购买我社图书，如有缺页、倒页、脱页的，本社营销中心负责调换

前　　言

随着教育改革的不断深入，课程改革等问题被提到了相应高度，创设情境化教学、激发学生的学习兴趣、提高学习效率等成为我们的教学目标。近几年，我们在教学改革中不断总结和探索，同时鉴于急需具有高职特色教材的实际情况，我们编写了这本情境化教材。本书每个学习情境下设置多个子学习情境，每个子学习情境按照"学习目标－情境导入－知识链接－任务实施"的顺序进行编写，突出了职业教育的特点。

"机械工程材料"课程是机械及近机械类专业的一门重要基础课，理论性很强。为适应高职高专学生的特点，满足高职高专人才培养目标的要求，本书对传统的教材内容作了适当调整，更加注重知识的应用，对于目前一些新材料的应用也进行了简要介绍，并在内容安排上尽量选择与生产实践相关的题材和典型案例来创设情境。本书设置了 9 个学习情境：

学习情境 1：金属的晶体结构与结晶

学习情境 2：铁碳相图

学习情境 3：钢的热处理

学习情境 4：钢的表面处理

学习情境 5：金属材质检验

学习情境 6：碳钢与合金钢

学习情境 7：铸铁

学习情境 8：有色金属

学习情境 9：非金属材料

本书由王海静、杨新莲、王婕任主编，郭浩、钟学奎任副主编，王瑞清任主审。学习情境 1 和学习情境 3 由王海静编写，学习情境 2 和学习情境 4 由王婕编写，学习情境 5 和学习情境 7 由郭浩编写，学习情境 6 由杨新莲编写，学习情境 8 和学习情境 9 由钟学奎编写。此外，胡月霞、杨晶、王继明、赵继龙、曹媛、郝静、周建刚参与了本书部分内容的编写。

在本书编写过程中，编者参阅了大量文献，在此向相关作者表示衷心感谢。

由于编者水平和时间有限，书中难免存在缺点与不足之处，敬请广大读者批评指正。

编　者

2017 年 11 月

目 录

学习情境 1　金属的晶体结构与结晶

子学习情境 1.1　金属的晶体结构

情境导入

金属的晶体结构工作任务单

情 境	金属的晶体结构与结晶					
学习任务	子学习情境 1.1：金属的晶体结构				完成时间	
任务完成	学习小组		组长		成员	
任务要求	掌握金属的晶格类型、每种晶格类型的原子排列情况及合金的三种相结构					

任务载体和资讯

铁棒

铝棒

任务描述

人们对材料的认识可从两方面进行：宏观（表现）和微观（纳米、微米）。微观认识如晶体结构金相学使人们能够将材料的宏观性能与微观组织联系起来。晶体中，原子的不同排列规律使具有不同晶格类型的金属具有不同的力学性能

比较铁、铝、锌三种纯金属在室温下的晶体结构和力学性能，并分析金属的力学性能与晶格结构有什么关系

	资讯：
 锌	1. 晶体与非晶体的概念 2. 常见金属的晶格类型 3. 金属的晶体结构和缺陷 4. 合金的晶体结构
资料查询 情况	
完成任务 小拓展	1. 不同晶格类型的晶胞结构特点 2. 晶体中，致密度越大，原子排列就越紧密。所以，当铁在冷却时，由晶格致密度较大（0.74）的面心立方晶格 $\gamma-Fe$ 转变为晶格致密度较小（0.68）的体心立方晶格 $\alpha-Fe$，就会发生体积膨胀而产生应力并引起形变，这也是淬火急冷能使钢铁材料强度、硬度提高的原因

 知识链接

1　晶体与非晶体

　　固态物质按其原子的聚集状态不同分为晶体和非晶体两大类。晶体的原子在空间呈规则的排列，如图 1-1 所示；而非晶体的原子则呈不规则的排列，如图 1-2 所示。自然界中绝大多数的固态物质都是晶体，金属和合金在固态时一般都是晶体，只有少数物质如玻璃、松香等是非晶体。

图 1-1　晶体中原子排列模型

图 1-2　非晶体中原子排列模型

　　晶体具有以下一些特点：
　　（1）有固定的熔点。
　　（2）原子呈规则排列，宏观断口具有一定形态且不光滑。
　　（3）由于晶体在不同方向上原子排列的密度不同，所以晶体在不同方向上的性能也不一样，即表现为各向异性特征。

2　金属的晶体结构

　　晶体内部的原子是按一定的几何规律排列的。如果把金属中的原子近似地看成是刚性小球，则金属晶体就是刚性小球按一定的几何规律堆积而成的，如图 1-1 所示。
　　为了形象地表示晶体中原子排列的规律，可以人为地将原子简化为一个质点，再用假想的线将它们连接起来，这样就形成了一个能反映原子排列规律的空间格架，如图 1-3（a）所示。这种抽象的、用于描述原子在晶

体中排列方式的空间几何图形称为结晶格子，简称晶格。

由图 1-3（a）可见，晶格是由许多形状、大小相同的几何单元重复堆积而成的。其中能够完整地反映晶体特征的最小几何单元称为晶胞，如图 1-3（b）所示。

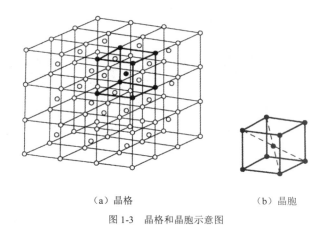

（a）晶格　　　　　　　　（b）晶胞

图 1-3　晶格和晶胞示意图

3　常见的晶格类型

不同的金属具有不同的晶格类型。研究表明，工业上使用的几十种金属元素中，除少数具有复杂的晶格结构外，绝大多数都具有比较简单的晶格结构。其中最常见的晶格结构为体心立方晶格、面心立方晶格和密排六方晶格。

3.1　体心立方晶格

体心立方晶格晶胞如图 1-4 所示，在立方体的八个顶角上各有一个原子，在中心有一个原子。属于这种晶格类型的金属有铬、钒、钨、钼及 $\alpha-Fe$ 等。

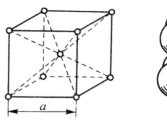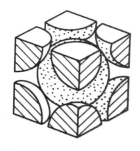

图 1-4　体心立方晶格晶胞示意图

3.2　面心立方晶格

面心立方晶格晶胞如图 1-5 所示，在立方体的八个顶角上各有一个原子，在六个面的中心各有一个原子。属于这种晶格类型的金属有铝、铜、铅、银及 $\gamma-Fe$ 等。

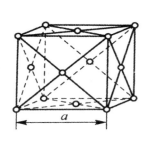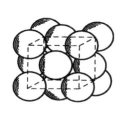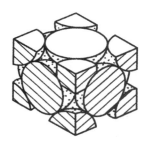

图 1-5　面心立方晶格晶胞示意图

3.3 密排六方晶格

密排六方晶格晶胞如图 1-6 所示，在正六方柱体的十二个角上及上、下底面的中心各有一个原子，在柱体中心还有三个原子。属于这种晶格类型的金属有镁、锌、铍等。

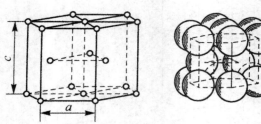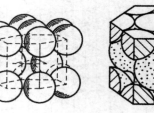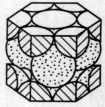

图 1-6 密排六方晶格晶胞示意图

4 纯金属的晶体结构

4.1 单晶体与多晶体

在研究金属的晶体结构时，把晶体看成由原子按一定几何规律作周期性排列而成，晶体内部的晶格位向是完全一致的，这种晶体称为单晶体。在工业生产中，只有经过特殊制作才能获得单晶体，如半导体工业中的单晶硅。

实际的金属都是由很多小晶体组成的，这些外形不规则的颗粒小晶体称为晶粒。晶粒内部的晶格位向是均匀一致的，晶粒与晶粒之间的晶格位向却彼此不同。每一个晶粒相当于一个单晶体。晶粒与晶粒之间的界面称为晶界。这种由许多晶粒组成的晶体称为多晶体，如图 1-7 所示。

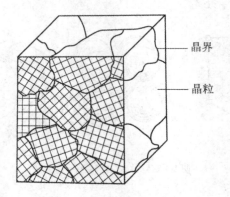

图 1-7 多晶体示意图

多晶体的性能在各个方向是基本一致的，这是由于多晶体中，虽然每个晶粒都是各向异性的，但它们的晶格位向彼此不同，晶体的性能在各个方向相互补充和抵消，再加上晶界的作用，因而表现出各向同性。这种各向同性被称为伪各向同性。

4.2 晶体缺陷

实际金属的晶体结构不像理想晶体那样排列有规律和完整。由于各种因素的作用，晶体中不可避免地存在着许多偏离规则排列的不完整区域，即晶体缺陷。按晶体缺陷的几何形状，可分为点缺陷、线缺陷、面缺陷三种。

1. 点缺陷

点缺陷是指在三维方向上尺寸都很小的，不超过几个原子直径的缺陷。常见的点缺陷有空位、间隙原子和置换原子，如图 1-8 所示。

（1）空位。空位是指晶格中某个原子脱离了平衡位置，形成空结点，如图 1-8（a）所示。

（2）间隙原子。间隙原子是指在晶格节点以外存在的原子，如图 1-8（a）所示。

（3）置换原子。置换原子是指杂质元素占据金属晶格的结点位置。当杂质原子的半径与金属原子的半径相当或较大时，容易形成置换原子，如图 1-8（b）所示。

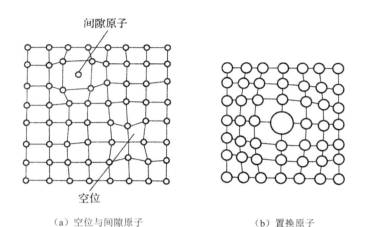

（a）空位与间隙原子   （b）置换原子

图 1-8   点缺陷示意图

点缺陷的存在破坏了原子的平衡状态，使晶格发生畸变，从而引起性能变化，使金属的电阻率增加，强度、硬度升高，塑性、韧性下降。

2. 线缺陷

线缺陷是指晶体内沿某一条线附近原子的排列偏离了完整晶格所形成的线形缺陷区。常见的线缺陷是线位错。位错是在晶体中某处有一列或若干列原子发生了有规律的错排现象，包括刃型位错和螺型位错两种。刃型位错如图 1-9 所示。从图 1-9 中可以看出，*ABCD* 晶面上像刀刃一样多插入了一层原子面 *EFGH*，使上下层原子不能对准，产生错排，因而称为刃型位错。多余原子面的底边 *EF* 线称为位错线。在位错线附近晶格发生畸变，形成一个应力集中区。在 *ABCD* 晶面以上一定范围内的原子受到压应力；相反，在 *ABCD* 晶面以下一定范围内的原子受到拉应力。离 *EF* 线越远，晶格畸变越小。

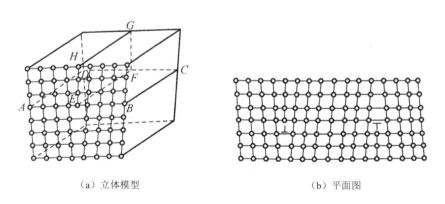

（a）立体模型   （b）平面图

图 1-9   刃型位错示意图

位错对金属的塑性变形、强度与断裂有很大的影响，增加金属强度的根本原理是想办法阻碍位错的运动。

3. 面缺陷

面缺陷包括晶界和亚晶界。晶界是晶粒与晶粒之间的接触界面，晶界原子由于需要同时适应相邻两个晶粒的位向，因而必须从一种晶粒位向逐步过渡到另一种晶粒位向，成为不同晶粒之间的过渡层，所以晶界上的原子多处于无规则状态或两种晶粒位向的折中位置，如图 1-10 所示。另外，晶粒内部也不是理想晶体，而是由尺寸很小、位向差很小的相互镶嵌的小块组成，称为亚晶粒，其尺寸为 $10^{-6} \sim 10^{-4}$cm。相邻亚晶粒的交界称为亚晶界，如图 1-11 所示。

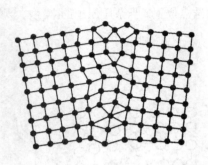

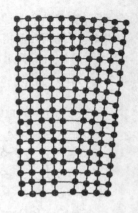

图 1-10 晶界示意图　　　　　　　　图 1-11 亚晶界示意图

5 合金的晶体结构

纯金属一般具有较好的导电性、导热性等优良性能，但它们的强度都比较低，价格较高，所以在应用上受到限制。工业生产中大量使用的金属材料都是合金，如碳钢、合金钢、铸铁、黄铜及硬铝等。

5.1 合金的概念

由两种或两种以上的金属元素与非金属元素组成的具有金属特性的物质称为合金。例如碳钢是由铁与碳两种元素组成的合金；黄铜是由铜和锌组成的合金。

组成合金的基本物质称为组元，简称元。合金的组元一般是指纯化学元素，但有时是指金属化合物。根据组成合金元素数目的多少，可将合金分为二元合金、三元合金等。

在金属或合金中，具有相同成分且结构相同的均匀组成部分称为相，相与相之间都有明显的界面。

5.2 合金的结构

大多数合金在液态下，其组成元素能够互相溶解形成均匀的溶液。但合金经冷却结晶为固态后，由于构成合金各组成之间的相互作用不同，可以得到以下三种结构：固溶体、金属化合物、机械混合物。

1. 固溶体

固溶体是溶质的原子溶入溶剂原子的晶格中或取代了某些溶剂原子的位置，而保持溶剂原子晶格类型的一种成分和性能均匀的固态合金。在固溶体中，原子晶格类型不变的组元称为溶剂，分布在溶剂中的另一组元称为溶质。

根据溶质原子在溶剂晶格中所占据的位置不同，固溶体可分为两种：

（1）间隙固溶体。溶质原子分布在溶剂晶格的间隙中形成的固溶体，如图 1-12（a）所示。只有溶质原子尺寸很小，同时溶剂原子的晶格间隙较大的条件下，才能形成间隙固溶体，例如，碳原子溶解于铁原子中形成的固溶体就是间隙固溶体。由于溶剂原子晶格的空隙有一定的限度，所以能溶解的溶质原子的数量是有限的。通常，这个溶解度在一定温度下随温度的升高而增大，溶质在溶剂中的最大溶解量称为该温度下的溶解度。

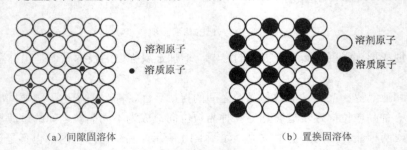

（a）间隙固溶体　　　　　　　　　（b）置换固溶体

图 1-12 固溶体结构示意图

（2）置换固溶体。在溶剂晶格上的部分原子，被溶质原子所代替的固溶体，如图 1-12（b）所示。例如，黄铜中的锌原子置换铜原子形成置换固溶体。置换溶解有一定限度的称为有限固溶体。而在铜镍合金中，铜和镍能以任何比例互相置换，称为无限固溶体。

无论合金形成哪一种固溶体，由于在溶剂的晶格中溶入了溶质原子，必然会造成溶质原子周围的晶格规律排列遭到破坏，即产生晶格畸变，如图 1-13 所示，并随着溶质原子浓度的增加，晶格的畸变程度也增大。晶格扭曲畸变增强了合金抵抗塑性变形的能力，因此，合金的强度和硬度都提高了。这种因形成固溶体而引起的强度和硬度提高的现象称为固溶强化。所以，固溶强化是提高金属材料机械性能的重要途径之一。

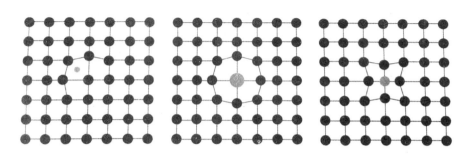

图 1-13　形成固溶体时的晶格畸变

2. 金属化合物

合金组元间按一定的原子数量之比，相互化合而生成的一种具有金属特性的新相，称为金属化合物。它的化学成分是固定不变的，一般可用化学分子式来表示，例如铁与碳组成的碳化铁（Fe_3C，又叫渗碳体）。

金属化合物的晶格类型与组成它的任一组元都完全不同，一般都较复杂。它的性质也不同于组成它的组元，通常都具有较高的熔点、较高的硬度和较大的脆性。金属化合物是各类合金中的重要组成相，它能提高合金的强度、硬度和耐磨性，但会降低塑性和韧性。因此，可以通过调整合金中的金属化合物的数量、大小、形状和分布状况来改善合金的机械性能，以满足使用要求。

3. 机械混合物

纯金属、固溶体、金属化合物都是组成合金的基本相，由两相或两相以上组成的多相组织，称为机械混合物。如铁碳合金中的基本组织之一珠光体是由铁素体（固溶体）和渗碳体（金属化合物）组成的机械混合物。

机械混合物中各组成相仍保持着它们原来各自的晶格类型和性能，而整个机械混合物的性能则取决于组成它的各相的性能以及各相的数量、大小、形状和分布状况等。通常，机械混合物比单一的固溶体具有更高的强度和硬度，但塑性和韧性不如固溶体。

金属的晶体结构任务实施表

情　境						
学习任务				完成时间		
任务完成人	学习小组		组长		成员	
完成情境任务 所需的知识点						
情境任务实施 的结果						

子学习情境 1.2　纯金属的结晶

情境导入

纯金属的结晶工作任务单

情　　　境	金属的晶体结构与结晶				
学习任务	子学习情境 1.2：纯金属的结晶			完成时间	
任务完成	学习小组		组长	成员	
任务要求	了解纯金属的结晶过程；能够分析晶粒大小对金属力学性能的影响以及细化晶粒的措施				
任务载体 和资讯	 <div align="center">工业纯铁的显微组织</div>			![任务描述] 　　结晶初期，每个晶核的长成是不受约束的，能够自由生长成小晶体。随着小晶体的长大和新晶核的不断产生、长大，各个小晶体彼此互相接触后便不能再自由生长了，最后即形成许多位向不同的小晶体（晶粒）组成的多晶体。分析晶粒的大小对纯铁力学性能的影响 资讯： 1．纯金属的冷却曲线 2．纯金属的结晶过程 3．晶粒大小对金属力学性能的影响 4．细化晶粒的方法		
资料查询 情况					
完成任务 小拓展	1．对于金属的常温力学性能来说，一般是晶粒越细小，则强度和硬度越高，同时塑性和韧性也越好。这是因为，晶粒越细小，塑性变形也越分散在更多的晶粒内进行，使塑性变形越均匀，内应力集中越小 2．在高温工作的金属材料，晶粒过大或过小都不好。因此通常希望得到适中的晶粒度，在有些情况下反而希望晶粒越粗大越好。例如，制造电动机和变压器的硅钢片就是这样，晶粒越粗大，其磁带损耗越小，效率越高。总之，晶粒度对金属性能的影响是多方面的，要具体情况具体分析				

知识链接

1　冷却曲线与过冷度

　　大多数的金属铸件都是经过熔化、冶炼、浇注而获得的，这种由液态转变为固态的过程称为凝固。通过凝固形成晶体的过程称为结晶。金属结晶形成的铸件组织将直接影响金属的性能。研究金属结晶的目的是掌握金属结晶的基本规律,以便指导实际生产,获得理想的金属组织和性能。

利用图 1-14 所示的装置将纯金属加热到熔化状态,然后缓慢冷却,在冷却过程中,每隔一定的时间记录下金属液体的温度,直到结晶完毕为止。这样可得到一系列时间与温度相对应的数据,把这些数据标在时间—温度坐标图中,然后画出一条时间与温度的相关曲线,这条曲线称为纯金属的冷却曲线,如图 1-15 所示。这种绘制金属冷却曲线的方法称为热分析法。

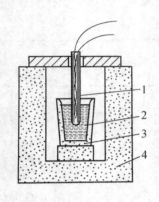

图 1-14 热分析法装置

1—热电偶;2—液态金属;3—坩埚;4—电炉

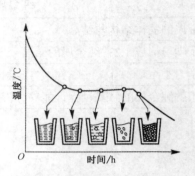

图 1-15 热分析法绘制纯金属冷却曲线

从图 1-15 可以看出,液态金属随着冷却时间的增长,温度不断下降,但当冷却到某一温度时,随着冷却时间的增长其温度并不下降,在冷却曲线上出现一段水平线段,这段水平线段所对应的温度就是纯金属进行结晶的温度。出现水平线段的原因是由于金属结晶时放出的结晶潜热补偿了其向外界散失的热量。

如图 1-16 所示,金属在无限缓慢冷却条件(即平衡条件)下所测得的结晶温度 T_0 称为理论结晶温度。但在实际生产中,金属由液态结晶为固态时冷却速度是相当快的,金属总是要在理论结晶温度 T_0 以下的某一温度 T_n 才开始进行结晶。温度 T_n 为实际结晶温度。实际结晶温度 T_n 低于理论结晶温度 T_0 的现象称为过冷。而 T_n 与 T_0 之差 ΔT 称为过冷度,即 $\Delta T = T_0 - T_n$。过冷度并不是一个恒定值,液态金属的冷却速度越大,实际结晶温度 T_n 就越低,过冷度 ΔT 就越大。

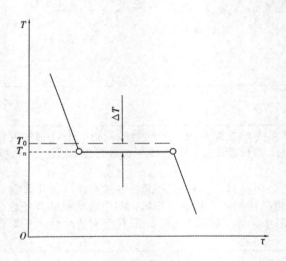

图 1-16 纯金属的冷却曲线

实际上,金属总是在过冷情况下进行结晶的,所以过冷度是金属结晶的一个必要条件。

2 纯金属的结晶过程

在液态金属中,原子的活动能力很强,做不规则运动。随着液态金属温度的不断下降,金属原子的活动能力随之减弱,原子间的吸引作用逐渐增强。当达到结晶温度时,首先在液体的某些区域形成一些极细小的微晶体，称为晶核。随着时间的推移，已经形成的晶核不断长大，同时又有新的晶核形成、长大，直到液态金属全部凝固，结晶过程结束，如图 1-17 所示。

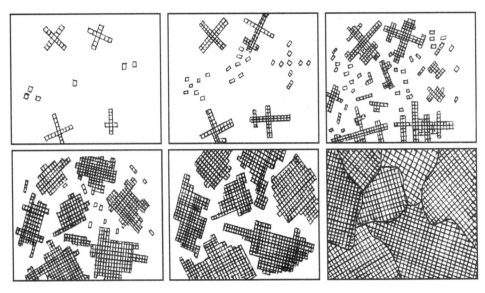

图 1-17　金属结晶过程示意图

3　晶粒大小对金属力学性能的影响

结晶后的金属是由许多晶粒组成的多晶体，晶粒大小可以用单位体积内的晶粒数目来表示。数目越多，晶粒越小。为测量方便，常以单位截面上的晶粒数目或晶粒的平均直径表示晶粒大小。试验证明，在常温下的细晶粒金属比粗晶粒金属具有更高的强度、更好的塑性和韧性。这是因为晶粒越细，塑性变形越可以分散在更多的晶粒内进行，塑性变形就越均匀，内应力集中越小；而且晶粒越细，晶界就越多，晶粒与晶粒间犬牙交错的机会就越多，彼此就越紧固，强度和韧性就越好。晶粒大小对纯铁力学性能的影响如表 1-1 所示。

表 1-1　晶粒大小对纯铁力学性能的影响

晶粒平均直径/μm	抗拉强度/MPa	伸长率/%	晶粒平均直径/μm	抗拉强度/MPa	伸长率/%
97	168	28.8	2	268	48.8
70	184	30.6	1.6	270	50.7
25	215	39.5	1	284	50

由表 1-1 可见，细化晶粒对提高常温下金属的力学性能有很大作用，是使金属材料强度、塑性提高的有效途径。

通过分析结晶过程可知，金属晶粒的大小取决于结晶时的形核率 N（单位时间、单位体积内所形成的晶核数目）与晶核的长大速度 G。形核率越大，则结晶后的晶粒越多，晶粒也越细小。因此，细化晶粒的根本途径是控制形核率与长大速度。常用的细化晶粒方法有以下几种：

（1）增加过冷度。如图 1-18 所示，形核率和长大速度都随过冷度 Δt 增大而增大，但在很大的范围内形核率比晶核长大速度增长更快，因此，增加过冷度总能使晶粒更细，如在铸造生产中，用金属型比用砂型冷得快，能得到晶粒细化的铸件。但这种方法只适用于中小铸件，对于大型铸件则需要用其他方法使晶粒细化。

（2）变质处理。浇注前在液态金属中加入一些能促进形核或抑

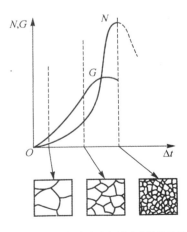

图 1-18　形核率和长大速度与过冷度的关系示意图

制晶核长大的物质（又称变质剂或孕育剂），使金属晶粒细化，如在钢中加入钛、硼、铝等，在铸铁中加入硅铁、硅钙等，都能起到细化晶粒的作用。

（3）振动处理。在结晶时，对液态金属加以机械振动、超声波振动和电磁振动等，使生长中的枝晶破碎，增加晶核数目，从而有效细化晶粒。

 任务实施

纯金属的结晶任务实施表

情　境					
学习任务				完成时间	
任务完成人	学习小组		组长	成员	
完成情境任务所需的知识点					
情境任务实施的结果					

子学习情境 1.3　金属的同素异构转变

情境导入

金属的同素异构转变工作任务单

情　　境	金属的晶体结构与结晶				
学习任务	子学习情境 1.3：金属的同素异构转变			完成时间	
任务完成	学习小组		组长		成员
任务要求	掌握金属同素异构转变的概念；能够分析同素异构转变与液态金属结晶的异同之处				
任务载体和资讯	纯铁			**任务描述** 同素异构转变不仅存在于纯铁中，而且存在于以铁为基体的钢铁材料中，这也是钢铁材料性能多种多样的主要原因。在工业生产中，利用钢铁材料这一特性，可通过加热和冷却的方法改变其内部组织，达到改变其力学性能的目的，以适应对材料使用性能和加工性能的要求 试比较纯铁在固态下不同温度范围内的晶体结构，说明为什么要"趁热打铁" 资讯： 1．同素异构的概念 2．纯铁的同素异构转变冷却曲线		
资料查询情况					
完成任务小拓展	由于同素异构转变是在固态下发生的，原子扩散比较困难，致使同素异构转变需要较大的过冷度。另外，由于同素异构转变前后晶格类型不同，原子排列的疏密程度发生改变，将引起晶体体积的变化，故同素异构转变往往会产生较大的内应力				

知识链接

1　金属的同素异构转变

　　大多数金属的晶格类型是固定不变的，但有些金属（铁、钴、钛、锡、锰）在固态下，其晶格类型会随温度的升高或降低而发生变化。金属在固态下随温度的改变由一种晶格转变为另一种晶格的现象，称为同素异构转变。由同素异构转变所得到的不同晶格类型的晶体称为同素异构体。

铁是典型的具有同素异构转变特性的金属。纯铁的冷却曲线如图 1-19 所示，它表示了纯铁的结晶和同素异构转变的过程。液态纯铁在 1538℃时结晶成为具有体心立方晶格的 δ-Fe，当其冷却到 1394℃时发生同素异构转变，体心立方晶格的 δ-Fe 转变为面心立方晶格的 γ-Fe，再继续冷却到 912℃时又发生同素异构转变，面心立方晶格的 γ-Fe 转变为体心立方晶格的 α-Fe，再继续冷却，晶格的类型不再变化。

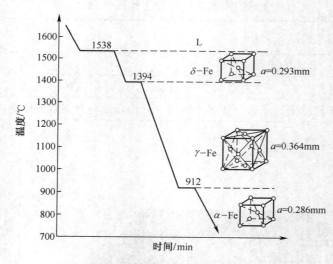

图 1-19　纯铁的同素异构转变冷却曲线

同素异构转变不仅存在于纯铁中，而且存在于以铁为基体的钢铁材料中，这也是钢铁材料性能多种多样的主要原因。在工业生产中，利用钢铁材料这一特性，可通过加热和冷却的方法改变其内部组织，达到改变其力学性能的目的，以适应对材料使用性能和加工性能的要求。

金属的同素异构转变任务实施表

情　境						
学习任务				完成时间		
任务完成人	学习小组		组长		成员	
完成情境任务所需的知识点						
情境任务实施的结果						

学习情境 2　铁碳相图

学习目标

　　知识目标：了解二元合金相图的建立方式；掌握匀晶相图、共晶相图、铁碳相图的分析方法。

　　能力目标：应用相图分析不同成分合金在不同温度时的组成相以及相的成分和相的相对量，培养学生获取、筛选信息和制订计划、方案及实施、检查和评价的能力；培养学生独立分析、解决问题的能力；培养学生的创造和审美能力；培养学生的团队合作、交流、组织协调的能力和责任心。

　　素质目标：养成严谨细致、一丝不苟的工作作风；培养学生的自信心、竞争意识和效率意识；培养学生的爱岗敬业、诚实守信、服务群众、奉献社会等职业道德。

子学习情境 2.1　二元合金相图

二元合金相图工作任务单

情　　境	铁碳相图			
学习任务	子学习情境 2.1：二元合金相图		完成时间	
任务完成	学习小组	组长	成员	
任务要求	掌握匀晶相图、共晶相图的分析方法			
任务载体和资讯	铜镍合金硬币 铜镍合金棒料		**任务描述** 　　已知纯铜的熔点为1083.4℃，纯镍的熔点为1453℃。说明当已知成分铜镍合金从液态到固态凝固会发生什么变化 资讯： 1. 二元相图建立方式 2. 匀晶相图分析 3. 共晶相图分析		
资料查询情况				

完成任务小拓展	实际生产条件下，合金熔液的冷却速度比较快，不能按照平衡过程进行结晶，合金成分来不及均匀化，使先后结晶的固溶体成分不同，造成合金成分不均匀，即产生偏析现象。树枝状偏析示意图如右图所示。开始结晶出来的树枝状晶体是成分为 α_1 的固溶体；随着温度下降，在 α_1 的外面又形成一层成分为 α_2 的固溶体，之后依次形成成分为 α_2'、α_3 的固溶体。由于它们之间的原子来不及充分扩散，成分不均匀将一直持续到室温。树枝状晶体中的成分不均匀现象称为枝晶偏析。如在 Cu-Ni 合金中，先结晶的固溶体含镍多，而后结晶的固溶体含铜多。结晶时的冷却速度越大，枝晶偏析越严重。枝晶偏析会造成合金性能的不均匀。消除枝晶偏析的常用方法是扩散退火，也称为均匀化退火，就是将合金在固相线以下温度长时间保温，使原子充分扩散，从而达到成分均匀的目的 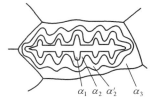

 **知识链接**

相图有二元相图、三元相图和多元相图，作为相图基础且应用最广的是二元相图。

相图是表示在平衡状态下，合金的组成相（或组织状态）与温度、成分之间关系的图解，又称平衡图或状态图。应用相图可以了解合金系中不同成分合金在不同温度时的组成相（或组织状态）以及相的成分和相的相对量，还可了解合金在缓慢加热和冷却过程中的相变规律。所以相图已成为研究合金组织形成和变化规律的有效工具。在生产实践中，合金相图可作为制订冶炼、铸造、锻压、焊接、热处理工艺的重要依据。

1　二元合金相图的建立

二元合金相图是以试验数据为依据，在以温度为纵坐标，合金成分或组元为横坐标的坐标图中绘制的。试验方法有热分析法、热膨胀法、金相分析法、磁性法、电阻法、x 射线晶体结构分析法等常用分析法。下面以铜镍合金为例，介绍应用热分析法测定其相变点及绘制相图的方法。

（1）配置一系列不同成分的 Cu-Ni 合金，如：① $\omega_{Cu}=100\%$；② $\omega_{Cu}(80\%)+\omega_{Ni}(20\%)$；③ $\omega_{Cu}(60\%)+\omega_{Ni}(40\%)$；④ $\omega_{Cu}(40\%)+\omega_{Ni}(60\%)$；⑤ $\omega_{Cu}(20\%)+\omega_{Ni}(80\%)$；⑥ $\omega_{Ni}=100\%$。

（2）分别将他们熔化，以缓慢的速度冷却，同时测定其从液态到室温的冷却曲线，从冷却曲线可知，合金的冷却曲线与纯金属不同，合金的冷却曲线上有两相变点，由此可知合金的结晶是在一定温度范围内进行，上相变点（上临界点）是结晶的开始温度，下相变点（下临界点）是结晶的终了温度。

（3）将各临界点标在以温度为纵坐标，合金成分或组元为横坐标的坐标图中。

（4）将意义相同的临界点连接起来，并根据已知条件和分析结果在各区域内写出相应相的名称符号和组织的名称符号，重点需标注字母和数字，可以得到完整的二元合金相图。Cu-Ni 合金相图如图 2-1 所示，图中上临界点的连线为液相线，下临界点的连线为固相线。

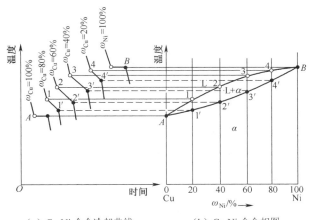

（a）Cu-Ni 合金冷却曲线　　　（b）Cu-Ni 合金相图

图 2-1　热分析法测定的 Cu-Ni 合金相图

2 匀晶相图

合金两组元在液态和固态以任何比例均能无限互溶所构成的相图,称为二元匀晶相图。Cu-Ni、Ag-Au、Fe-Cr、Fe-Ni、Cr-Mo、Mo-W 等合金都可形成匀晶相图。

现以 Cu-Ni 合金相图为例来分析匀晶相图的图形及结晶过程的特点。

2.1 相图中的点、线和相区

图 2-2(a)为 Cu-Ni 合金相图。图中 A 点(T_A=1083℃)为纯铜的熔点(或结晶温度),B 点(T_B=1455℃)为纯镍的熔点(或结晶温度)。1 点为纯组元铜,2 点为纯组元镍,由 1 点向右至 2 点,镍的含量由 0%逐渐增加至 100%,铜的含量由 100%逐渐减少至 0%。Aa_1B 线为液相线,表示各种成分的 Cu-Ni 合金在冷却过程中开始结晶或在加热过程中熔化终了的温度;Ab_3B 线为固相线,表示各种成分的 Cu-Ni 合金在冷却过程中结晶终了或加热过程中开始熔化的温度。图 2-2(b)为相图对应的结晶过程。

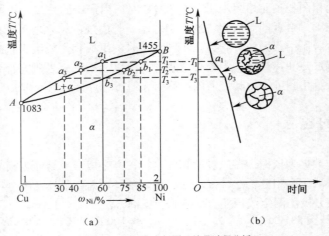

图 2-2 Cu-Ni 合金相图及结晶过程分析

液相线与固相线把整个相图分为三个部分,液相线以上为液相区(用 L 表示),合金处于液态;固相线以下为固相区(用 α 表示),合金全部形成均匀的单相固溶体,合金为固态;液相线与固相线之间为液相与固相共存(L+α)的两相区。

2.2 结晶过程

作 ω_{Ni} = 60% 的 Cu-Ni 合金的合金线与液、固相线分别交于 a_1、b_3 点,合金自液态缓冷至 T_1 温度时,开始从 L 相中结晶出 α 相固溶体。随着温度下降,α 相不断增多,L 相不断减少,与此同时两相的成分也通过原子扩散不断改变,L 相成分沿液相线变化,α 相成分则沿固相线变化。当温度降到 T_2 时 L 相成分为 a_2,α 相成分为 b_2,温度到达 T_3 时结晶过程结束,可得到与原合金成分完全相同的单相 α 固溶体组织。

3 共晶相图

合金的两组元在液态下无限互溶,在固态下有限互溶并发生共晶转变所形成的相图称为共晶相图。如 Pb-Sn、Pb-Sb、Al-Si、Ag-Cu 等合金都可形成共晶相图。下面以 Pb-Sn 合金相图为例分析共晶相图。

图 2-3 为 Pb-Sn 合金相图。图中 A 点(327.5℃)是纯铅的熔点,B 点(232℃)是纯锡的熔点,E 点(183℃,ω_{Sn} = 61.9%)为共晶点。AEB 线为液相线,液相线以上合金均为液相;AMENB 线为固相线,固相线以下合金均为固相。α 和 β 是 Pb-Sn 合金在固态时的两个基本组成相,α 是锡溶于铅中所形成的固溶体,β 是铅溶于锡中所形成的固液体。M 点(183℃,ω_{Sn} = 19.2%)和 N 点(183℃,ω_{Pb} = 2.5%)分别为锡溶于铅中和铅溶于锡中的最大溶解度。由于在固态下铅与锡的相互溶解度随温度的降低而逐渐减小,所以 MF 线和 NG 线分别表示锡

在铅中和铅在锡中的溶解度曲线，也称固溶线。F 和 G 点分别为室温时锡溶于铅中和铅溶于锡中的溶解度。

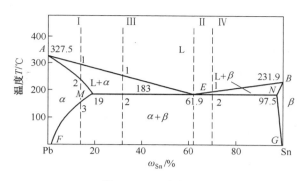

图 2-3　Pb-Sn 合金相图

相图中包含有三个单相区：液相区 L、α 相区和 β 相区；三个两相区：L+α 相区、L+β 相区和 α+β 相区；一个三相（L+α+β）共存的水平线 MEN。

成分相当于 E 点的液相 L_E 在冷却到 MEN 线所对应的温度时，将同时结晶出成分为 M 点的 α 固溶体（α_M）和成分为 N 点的 β 固溶体（β_N），其反应式为：

$$L_E \xleftrightarrow{183℃} (\alpha_M + \beta_N) \tag{2-1}$$

这种由一定成分的液相，在一定温度下，同时结晶出成分不同的两种同相的过程，称为共晶反应或共晶转变。所生成的两相混合物称为共晶组织或共晶体。

E 点称为共晶点，E 点所对应的温度称为共晶温度，其成分称为共晶成分。通过 E 点的水平的固相线 MEN 称为共晶线，液相冷却到共晶线时，都要发生如式（2-1）所示的共晶转变。

E 点成分的合金称为共晶合金，M～E 点之间的合金均称为亚共晶合金，E～N 点之间的合金均称为过共晶合金。

 任务实施

二元合金相图任务实施表

情　　境					
学习任务				完成时间	
任务完成人	学习小组		组长	成员	
完成情境任务 所需的知识点					
情境任务实施 的结果					

子学习情境 2.2　铁碳相图

铁碳相图工作任务单

情　　境	铁碳相图				
学习任务	子学习情境 2.2：铁碳相图			完成时间	
任务完成	学习小组		组长		成员
任务要求	掌握铁碳合金基本组织的性能、特点、应用，掌握铁碳相图的分析方法				
任务载体和资讯	打铁			**任务描述**　　打铁是我国一种古老的技艺，共分拣料、烧料、锻打、定型、抛钢、淬火、回火、泽油等几个工艺过程。不同成分材料的烧料温度、锻打次数等全凭师傅经验总结 　　那么，在现代工业中我们该如何科学准确并快速地判断出不同成分材料的不同铸造及热处理温度 资讯： 1．铁碳相图基本组织 2．铁碳相图分析方法 3．铁碳合金分类		
资料查询情况					
完成任务小拓展	在钢的热处理中，钢的加热温度一般都在 A_3、A_{cm} 以上 30℃～50℃（回火除外），保温后再冷却，可以利用 Fe-Fe$_3$C 相图根据钢的成分确定加热温度				

知识链接

1　铁碳合金的基本组织

　　纯铁塑性好，但强度低，很少用来制造机械零件。在纯铁中加入少量的碳形成铁碳合金，可使强度和硬度明显提高。铁碳合金在液态时碳和铁可以无限互溶；在固态时碳可溶解在铁中形成间隙固溶体，也可与铁作用形成金属化合物或形成固溶体与化合物的机械混合物。铁碳合金在固态下有 5 种基本组织：铁素体、奥氏体、渗碳体、珠光体和莱氏体。

　　（1）铁素体。

　　铁素体是碳溶于 α-Fe 的间隙固溶体，用符号"F"或"α"表示。

　　由于体心立方晶格的原子间隙较小，碳在 α-Fe 的溶解度很小。最大溶解度在 727℃时，为 0.0218%，随着温度的降低，其溶解度逐渐减小，室温时铁素体中只能溶解 0.0008% 的碳。

铁素体的力学性能以及物理、化学性能与纯铁极相近，塑性、韧性很好（δ=30%～50%），强度、硬度很低（σ_b=180MPa～280MPa）。以铁素体为基体的铁碳合金适于塑性加工。

（2）奥氏体。

碳溶解在 γ-Fe 形成的间隙固溶体，以符号"A"或"γ"表示。

奥氏体的溶碳能力比铁素体大，在 1148℃时，碳在 γ-Fe 中的最大溶解度为 2.11%，随着温度降低，其溶解度也减小，在 727℃时，为 0.77%。

奥氏体的强度、硬度低，塑性、韧性高。在铁碳合金平衡状态时，奥氏体为高温下存在的基本相，也是绝大多数钢种进行锻压、轧制等加工变形所要求的组织。

（3）渗碳体。

渗碳体是具有复杂晶格的铁与碳的间隙化合物，每个晶胞中有一个碳原子和三个铁原子。渗碳体一般以"Fe₃C"表示，其含碳量为 6.69%。

渗碳体的硬度很高，塑性、韧性很差，几乎等于零，所以渗碳体的性能特点是硬而脆。渗碳体在钢与铸铁中，一般呈片状、网状或球状。渗碳体是钢中重要的硬化相，它的数量、形状、大小和分布对钢的性能有很大的影响。

渗碳体是一个亚稳定化合物，它在一定的条件下，可以分解而形成石墨状态的自由碳：Fe₃C→3Fe+C（石墨），这种反应在铸铁中有重要意义。

（4）珠光体。

珠光体是铁素体与渗碳体的机械混合物，用符号"P"表示，其含碳量为 0.77%。珠光体由渗碳体片和铁素体片相间组成，其性能介于铁素体和渗碳体之间，强度、硬度较好，脆性不大。具有珠光体组织的铁碳合金需要加热到奥氏体状态下进行塑性加工。

（5）莱氏体。

莱氏体是奥氏体和渗碳体的机械混合物，用符号"L_d"表示，其含碳量为 4.3%。

莱氏体由含碳量为 4.3% 的金属液体在 1148℃时发生共晶反应时生成。高温莱氏体缓慢冷却到 727℃时，其中的奥氏体转变为珠光体，这时的莱氏体是珠光体和渗碳体呈均匀分布的复合相，称为变态莱氏体（又称低温莱氏体），用符号"L_d'"表示。莱氏体硬度很高，塑性很差。

2　Fe-Fe₃C 相图分析

铁碳合金相图是表示在极缓慢冷却（或加热）条件下，不同成分的铁碳合金在不同的温度下所具有的组织或状态的一种图形。从中可以了解到碳钢和铸铁的成分（含碳量）、组织和性能之间的关系，它不仅是我们选择材料和制订有关热加工工艺的依据，而且是钢和铸铁热处理的理论基础。图 2-4 所示为简化后标注组织的 Fe-Fe₃C 相图。

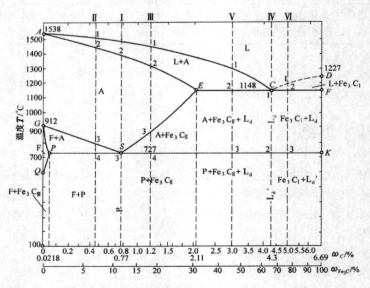

图 2-4　简化后标注组织的 Fe-Fe₃C 相图

2.1　Fe-Fe₃C 相图主要特性点

简化 Fe-Fe₃C 相图主要特性点及含义如表 2-1 所示。

表 2-1　Fe-Fe₃C 相图中的特性点

特性点符号	温度/℃	碳的含量 ω_C/%	说明
A	1538	0	纯铁的熔点
C	1148	4.3	共晶点，$\omega_C=4.3\%$（C 点）的液相在 1148℃时，同时结晶出 $\omega_C=2.11\%$（E 点）的奥氏体和 $\omega_C=6.69\%$（F 点）的渗碳体。此转变称为共晶转变，$L_c \xleftarrow{1148℃} L_d(A_E+Fe_3C)$
D	1227	6.69	渗碳体的熔点
E	1148	2.11	碳在 γ-Fe 中的最大溶解度
F	1148	6.69	渗碳体的成分
G	912	0	纯铁的同素异构转变点，α-Fe $\xleftarrow{912℃}$ γ-Fe
P	727	0.0218	碳在 α-Fe 中的最大溶解度
S	727	0.77	共析点，$\omega_C=0.77\%$（S 点）的奥氏体在 727℃时，同时析出 $\omega_C=0.0218\%$（P 点）的铁素体和 $\omega_C=6.69\%$（K 点）渗碳体。此转变称为共析转变，A_S-Fe $\xleftarrow{727℃} P$（F_P+Fe_3C）
K	727	6.69	渗碳体的成分
Q	室温	0.0008	碳在 α-Fe 中的溶解度

2.2　Fe-Fe₃C 相图主要特性线

简化 Fe-Fe₃C 相图主要特性线及含义如表 2-2 所示。

表 2-2　Fe-Fe₃C 相图中的特性线

特征线符号	说明
ACD	液相线，由各成分合金开始结晶温度点所组成的线，铁碳合金在此线以上处于液相
$AECF$	固相线，由各成分合金结晶结束温度点所组成的线，在此线以下，合金完成结晶，全部变为固体状态
ECF	共晶线，$\omega_C>2.11\%$ 的铁碳合金，缓冷至该线（1148℃）时，均发生共晶转变，生成莱氏体（L_d）$L_c \xleftarrow{1148℃} L_d(A_E+Fe_3C)$
ES	碳在奥氏体中的溶解度曲线，通常称为 A_{cm} 线。碳在奥氏体中最大溶解度是 E 点（$\omega_C=2.11\%$），随着温度的降低，碳在奥氏体中的溶解减小，将由奥氏体中析出二次渗碳体 Fe_3C_{II}
PSK	共析线，通常称为 A_1 线。$\omega_C>0.0218\%$ 的铁碳合金冷却到该线时均发生共析转变，由奥氏体转变生成珠光体（P）$A_S \xleftarrow{727℃} P$（F_P+Fe_3C）
GS	奥氏体冷却时开始向铁素体转变的温度线，通常称为 A_3 线
GP	$0<\omega_C<0.0218\%$ 的铁碳合金，缓冷时，由奥氏体中析出铁素体的终了线
PQ	碳在铁素体中的溶解度曲线。在 727℃时，溶碳量最大（$\omega_C=0.0218\%$）；在室温时，铁素体的溶碳量几乎为零（$\omega_C=0.0008\%$）

以上各特性线的含义，均是指合金缓慢冷却过程中的相变。若是加热过程，则相反。

2.3 Fe-Fe₃C 相图主要相区

简化 Fe-Fe₃C 相图主要相区及含义如表 2-3 所示。

表 2-3 Fe-Fe₃C 相图主要相区

相区	说明
单相区	$GQPG$ 为铁素体相区（F）
	$AESGA$ 为奥氏体相区（A）
	ACD 线以上为液相区（L）
	DFK 垂线为渗碳体相区（Fe₃C）
两相区	L+A 两相区
	L+Fe₃C 两相区
	A+Fe₃C 两相区
	A+F 两相区
	F+Fe₃C 两相区
三相区	ECF 共晶线是液相、奥氏体、渗碳体的三相共存线（L、A、Fe₃C）
	PSK 共析线是奥氏体、铁素体、渗碳体的三相共存线（A、F、Fe₃C）

3 铁碳合金的分类

Fe-Fe₃C 相图中不同成分的铁碳合金具有不同的组织和性能，根据相图中 P 点和 E 点可将铁碳合金分为工业纯铁、钢和白口铸铁三大类。

3.1 工业纯铁

成分为 P 点以左（ $\omega_C < 0.0218\%$ ）的铁碳合金。

3.2 钢

成分为 P 点至 E 点之间（ $\omega_C = 0.0218\% \sim 2.11\%$ ）的铁碳合金，其特点是高温固态组织为塑性很好的奥氏体，因而可进行热压力加工。根据相图中 S 点，钢又可分为以下三类：

（1）共析钢。成分为 S 点（ $\omega_C = 0.77\%$ ）的合金，室温组织为珠光体。

（2）亚共析钢。成分为 S 点以左（ $\omega_C = 0.0218\% \sim 0.77\%$ ）的合金，室温组织是铁素体+珠光体。

（3）过共析钢。成分为 S 点以右（ $\omega_C = 0.77\% \sim 2.11\%$ ）的合金，室温组织是珠光体+二次渗碳体。

3.3 白口铸铁

成分为 E 点以右（ $\omega_C = 2.11\% \sim 6.69\%$ ）的铁碳合金，其特点是液态结晶时都有共晶转变，因而与钢相比有较好的铸造性能。但高温组织中硬脆的渗碳体量很多，故不能进行热压力加工。根据相图中 C 点，白口铸铁又可分为以下三类：

（1）共晶白口铸铁。成分为 C 点（ $\omega_C = 4.3\%$ ）的合金，室温组织为变态莱氏体。

（2）亚共晶白口铸铁。成分为 C 点以左（ $\omega_C = 2.11\% \sim 4.3\%$ ）的合金，室温组织为变态莱氏体+珠光体+二次渗碳体。

（3）过共晶白口铸铁。成分为 C 点以右（ $\omega_C = 4.3\% \sim 6.69\%$ ）的合金，室温组织为变态莱氏体+一次渗碳体。

3.4 铁碳合金组织及其对性能的影响

1. 含碳量对铁碳合金平衡组织的影响

铁碳合金在室温下的组织均由铁素体和渗碳体两相组成。铁素体是软韧相，而渗碳体是硬脆相。随含碳量的增加，铁素体量相对减少，而渗碳体量相对增多，并且渗碳体的形状和分布也发生变化，因而形成不同的组织。室温时，随含碳量的增加，铁碳合金的组织变化如下：

$$F \rightarrow F+Fe_3C_{III} \rightarrow F+P \rightarrow P \rightarrow P+Fe_3C_{II} \rightarrow P+Fe_3C_{II}+L'_d \rightarrow L'_d \rightarrow L'_d+Fe_3C$$

室温时含碳量与铁碳合金的相和组织组分的定量关系如图 2-5 所示。

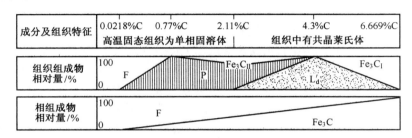

图 2-5 含碳量对铁碳合金平衡组织的影响

2. 含碳量对力学性能的影响

在铁碳合金中，一般认为渗碳体是一种强化相。当它与铁素体构成层状珠光体时，可提高合金的强度和硬度，故合金中珠光体量越多，其强度、硬度越高，而塑性、韧性却相应降低。但过共析钢中，渗碳体明显地以网状分布在晶界上，尤其是作为基体或以条片状分布在莱氏体基体上时，将使合金的塑性和韧性大大下降，以致合金强度也随之降低，这是导致高碳钢和白口铸铁高脆性的主要原因。如图 2-6 所示为含碳量对碳钢力学性能的影响。

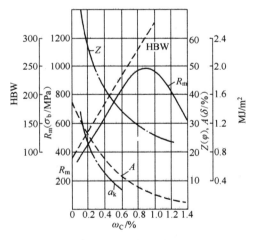

图 2-6 含碳量对碳钢力学性能的影响

由图可见，当钢中 $\omega_C < 0.9\%$ 时，随着钢中含碳量的增加，钢的强度、硬度呈直线上升，而塑性、韧性不断降低；当钢中 $\omega_C > 0.9\%$ 时，因渗碳体网的存在，不仅使钢的塑性、韧性进一步降低，而且强度也明显下降。为了保证工业上使用的钢具有足够的强度，并具有一定的塑性和韧性，钢中碳的质量分数一般都不超过 1.4%。$\omega_C > 2.11\%$ 的白口铸铁，由于组织中存在大量的渗碳体，使性能特别硬脆，难以切削加工，因此一般在机械制造工业中应用较少。

3. 含碳量对工艺性能的影响

（1）铸造性能。

铸造性是指在铸造生产过程中，铸造成形的难易程度。铸铁的流动性比钢好，易于铸造，特别是靠近共晶成分的铸铁，其结晶温度低，流动性好，铸造性能最好。从相图上看，结晶温度越高，结晶温度区间越大，越容易形成缩孔和偏析，铸造性能越差。

（2）可锻性能。

金属的可锻性是指金属压力加工时，能改变形状而不产生裂纹的性能。钢加热到高温可获得塑性良好的单相奥氏体组织，因此其可锻性良好。低碳钢的可锻性优于高碳钢。白口铸铁在低温和高温下，组织都是以脆的渗碳体为基体，所以不能锻造。

（3）可焊性。

金属的焊接性是以焊接接头的可靠性和出现焊缝裂纹倾向性为其技术判断指标。在铁—碳合金中，钢都可以进行焊接，但钢中含碳量越高，其焊接性越差，故焊接用钢主要是低碳钢和低碳合金钢。铸铁的焊接性差，故焊接主要用于铸铁件的修复和焊补。

（4）可加工性。

金属的可加工性是指其切削加工成工件的难易程度。一般用切削抗力大小、加工后工件的表面粗糙度、加工时断屑与排屑的难易程度及对刀具磨损程度来衡量可加工性。钢中含碳量不同时，其可加工性亦不同。低碳钢（$\omega_C \leq 0.25\%$）中有大量铁素体，硬度低，塑性好，因而切削时产生切削热较大，容易粘刀，而且不易断屑和排屑，影响工件的表面粗糙度，故可加工性较差。高碳钢（$\omega_C > 0.60\%$）中渗碳体较多，当渗碳体呈层状或网状分布时，刀具易磨损，可加工性也差。中碳钢（$\omega_C = 0.25\%\sim0.60\%$）中铁素体与渗碳体的比例适当，硬度和塑性比较适中，可加工性较好。钢的硬度一般在 160～230HBW 时，可加工性最好。碳钢可通过热处理来改变渗碳体的形态与分布，从而改善其可加工性，如对过共析钢的球化退火。

铁碳相图任务实施表

情　境						
学习任务				完成时间		
任务完成人	学习小组		组长		成员	
完成情境任务 所需的知识点						
情境任务实施 的结果						

学习情境 3　钢的热处理

学习目标

知识目标： 掌握热处理的概念、作用、分类；了解共析碳钢在热处理加热时是如何进行奥氏体化的；掌握过冷奥氏体的等温转变和连续转变；掌握钢的退火、正火、淬火、回火工艺。

能力目标： 学会如何确定热处理加热温度才能改变钢的组织；能够举例比较钢退火、正火、淬火与回火后的组织和性能；能够根据工作条件试分析选择工件的制作材料，确定热处理工艺及大致工艺路线；培养学生独立分析、解决问题的能力；培养学生的创造和审美能力；培养学生的团队合作、交流、组织协调的能力和责任心。

素质目标： 养成严谨细致、一丝不苟的工作作风；培养学生的自信心、竞争意识和效率意识；培养学生的爱岗敬业、诚实守信、服务群众、奉献社会等职业道德。

热处理是改善金属材料使用性能和工艺性能的一种非常重要的工艺方法，它是强化金属材料、提高产品质量和延长使用寿命的主要途径之一。因此，绝大部分重要的机械零件在制造过程中都要结合其使用性能和工艺性能进行必要的热处理。

改善钢的性能有两个主要途径：一是调整钢的化学成分，加入合金元素，即合金化的办法；二是进行钢的热处理。这两者之间有着极为密切、相辅相成的关系。关于合金化将在合金钢部分中进行详细介绍。本学习情境主要讲述钢的热处理。

所谓热处理是将固态金属或合金在一定介质中加热、保温和冷却，以改变材料整体或表面组织，从而获得所需性能的一种加工工艺。钢的热处理可根据加热和冷却方法不同，大致进行下述分类。

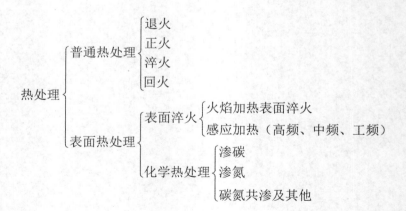

热处理可以是机械零件加工制造过程中的一个中间工序，如改善锻、轧、铸毛坯组织的退火或正火，消除应力、降低工件硬度、改善切削加工性能的退火等；也可以是使机械零件性能达到规定技术指标的最终工序，如经过淬火加高温回火，使机械零件获得最为良好的综合力学性能等。由此可见，热处理同其他工艺过程有着密切的关系，在机械零件加工制造过程中有着重要的地位和作用。

热处理之所以能使钢的性能发生巨大的变化，主要是因为经过不同的加热与冷却过程，使钢的内部组织发生了变化。

子学习情境 3.1　钢加热时的组织转变

情境导入

钢加热时的组织转变工作任务单

情　　　境	钢的热处理				
学习任务	子学习情境 3.1：钢加热时的组织转变			完成时间	
任务完成	学习小组		组长	成员	
任务要求	了解热处理的概念、作用、分类；了解共析钢奥氏体化过程，掌握奥氏体晶粒长大及影响因素				
任务载体和资讯	<p align="center">晶粒度 加热温度与奥氏体晶粒长大的关系 1　　　2 0　800　900　1000　1100　1200　$T/℃$</p>			**任务描述** 　　不同牌号的钢，奥氏体晶粒的长大倾向不同，一类是与曲线 1 相似，晶粒长大倾向大，称为本质粗晶粒钢；另一类是与曲线 2 相似，晶粒长大倾向小，称为本质细晶粒钢 　　工业生产中，沸腾钢一般都为本质粗晶粒钢，而镇静钢一般为本质细晶粒钢。需要热处理的工件一般都采用本质细晶粒钢 1．如何确定热处理加热温度，才能改变钢的组织 2．试分析影响奥氏体晶粒大小的因素 资讯： 1．热处理的概念、作用、分类 2．共析钢奥氏体化过程 3．奥氏体晶粒的长大及影响因素		
资料查询情况					
完成任务小拓展	1．钢在热处理加热后必须有保温阶段，不仅是为了使工件热透，也是为了使组织转变完全，以及保证奥氏体成分均匀。钢在加热时为了得到细小而均匀的奥氏体晶粒，必须严格控制加热温度和保温时间，以免发生晶粒粗大的现象 2．为了控制奥氏体晶粒长大，可以采取合理选择加热温度和保温时间、合理选择钢的原始组织以及加入一定量的合金元素等措施				

知识链接

　　由 Fe-Fe$_3$C 相图可知，共析钢在加热或冷却过程中经过 PSK 线（A_1）时，发生珠光体与奥氏体之间的相互

转变；亚共析钢在经过 GS 线（A_3）时，发生铁素体与奥氏体之间的相互转变；过共析钢在加热或冷却过程中经过 ES 线（A_{cm}）时，发生渗碳体与奥氏体之间的相互转变。A_1、A_3、A_{cm} 称为钢在加热或冷却过程中组织转变的临界温度线，它们所对应的温度是在缓慢加热或冷却条件下钢发生转变时的温度。实际加热时转变温度因有过热现象而偏高，实际冷却时的转变温度因有过冷现象而偏低。实际加热时的转变温度线用 A_{c_1}、A_{c_3}、$A_{c_{cm}}$ 表示，实际冷却时的转变温度线用 A_{r_1}、A_{r_3}、$A_{r_{cm}}$ 表示，如图 3-1 所示。

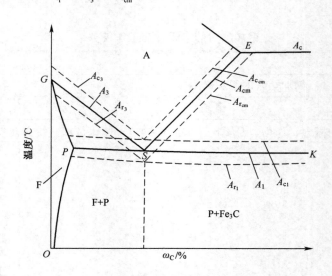

图 3-1　铁碳合金实际加热或冷却时转变温度变化图

1　奥氏体的形成

1.1　奥氏体形成的基本过程

奥氏体的形成是通过形核及晶核长大来实现的，其基本过程可以描述为四个步骤，以共析钢为例，其奥氏体化过程如图 3-2 所示。

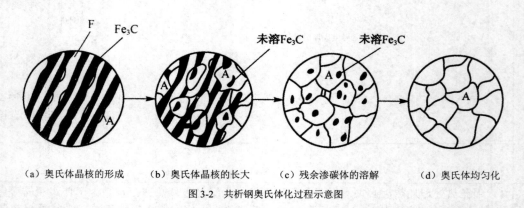

（a）奥氏体晶核的形成　　（b）奥氏体晶核的长大　　（c）残余渗碳体的溶解　　（d）奥氏体均匀化

图 3-2　共析钢奥氏体化过程示意图

（1）奥氏体晶核的形成。奥氏体晶核易在铁素体与渗碳体相界面形成，这是因为此处原子排列较紊乱，位错、空位密度较高。

（2）奥氏体晶核的长大。奥氏体晶核形成之后，依靠铁素体的晶格转变和渗碳体的不断溶解，奥氏体不断向铁素体和渗碳体两个方向长大。此时，奥氏体中的含碳量是不均匀的，与铁素体相接处含碳量较低，而与渗碳体相接处含碳量较高，因此在奥氏体中出现了碳浓度梯度，引起碳在奥氏体中不断地由高浓度向低浓度扩散。碳的不断扩散破坏了原先碳浓度的平衡，造成奥氏体与铁素体相接处的碳浓度增高以及奥氏体与渗碳体相接处的碳浓度降低。为了恢复原先浓度的平衡，势必促使铁素体向奥氏体转变和渗碳体溶解。这样，碳浓度平衡的破坏和恢复的反复循环过程就使奥氏体逐渐向铁素体和渗碳体两方面长大，与此同时，新的奥氏体晶核也不断形成并长大，直至铁素体全部转变为奥氏体。

（3）残余渗碳体的溶解。在奥氏体形成过程中，铁素体比渗碳体先消失，因此奥氏体形成之后，还残存未溶渗碳体。这部分未溶的残余渗碳体将随着时间的延长，继续不断地溶入奥氏体，直至全部消失。

（4）奥氏体均匀化。当残余渗碳体全部溶解时，奥氏体中的碳浓度仍然是不均匀的，在原来渗碳体处含碳量较高，而在原来铁素体处含碳量较低。如果继续延长保温时间，通过碳的扩散可使奥氏体的含碳量逐渐趋于均匀。

亚共析钢和过共析钢中奥氏体的形成过程基本上与共析钢相同，但具有过剩相转变和溶解的特点。亚共析钢在室温平衡状态下的组织为珠光体和铁素体。当缓慢加热到 A_{c_1} 时，珠光体转变为奥氏体；若进一步提高加热温度和延长保温时间，则铁素体也逐渐转变为奥氏体。当温度超过 A_{c_3} 时，铁素体完全消失，全部组织为较细的奥氏体晶粒。若继续提高加热温度或延长保温时间，奥氏体晶粒将长大。

过共析钢在室温平衡状态下的组织为珠光体和渗碳体，其中渗碳体往往呈网状分布。当缓慢加热到 A_{c_1} 时，珠光体转变为奥氏体；若进一步提高加热温度和延长保温时间，则渗碳体将逐渐溶入奥氏体中。当温度超过 $A_{c_{cm}}$ 时，渗碳体完全溶解，全部组织为奥氏体，此时奥氏体晶粒已经粗化。

1.2　影响珠光体向奥氏体转变的因素

奥氏体形成速度受到形成温度、钢的成分和原始组织以及加热速度等因素的影响。

随着奥氏体形成温度的升高，原子扩散能力增大，特别是碳原子在奥氏体中的扩散能力增大；同时，Fe-Fe$_3$C 相图中 GS 线与 SE 线之间的距离增大，即增大了奥氏体中碳的浓度梯度，这些因素都加速了奥氏体的形成。

随着钢中含碳量的增加，铁素体和渗碳体的相界面总量增多，有利于加速奥氏体的形成。钢中加入合金元素并不改变奥氏体形成的基本过程，但显著影响奥氏体的形成速度。

在钢的成分相同时，组织中珠光体越细，奥氏体形成速度越快；层片状珠光体的相界面比粒状珠光体多，加热时奥氏体更容易形成。

在连续加热时，随着加热速度的增大，奥氏体形成温度升高，形成的温度范围扩大，形成所需的时间缩短。

2　影响奥氏体晶粒长大的因素

奥氏体晶粒的大小对后续的冷却转变以及转变产物的性能有重要的影响。影响奥氏体晶粒大小的因素主要有以下几个方面：

（1）加热温度、保温时间和加热速度。

奥氏体晶粒长大的速度与原子扩散密切相关。加热温度越高，保温时间越长，奥氏体晶粒越粗大。加热速度越快，过热度越大，形核率越高，奥氏体晶粒越细。但当快速加热时，若保温时间过长，会造成奥氏体晶粒迅速长大而使晶粒粗大。

（2）含碳量。

在碳的一定质量分数范围内，随着奥氏体中含碳量的增加，碳在奥氏体中的扩散速度增大，使奥氏体晶粒长大的倾向增大。但当碳的质量分数超过其在奥氏体中的溶解度后，残余渗碳体就会产生机械阻碍作用，使奥氏体晶粒长大的倾向变小。

（3）化学成分。

钢中的大多数合金元素（除 Mn 以外）都有阻碍奥氏体晶粒长大的作用。其中能形成稳定的碳化物的元素（如 Cr、W、Mo、Ti、Nb 等）和能生成氧化物、氮化物的有阻碍晶粒长大作用的元素（如适量的 Al），其碳化物、氧化物、氮化物在晶界上弥散分布，强烈地阻碍了奥氏体晶粒的长大，使晶粒保持细小。

因此，为了控制奥氏体的晶粒度，一般都会合理选择加热温度和保温时间，以及采取加入一定的合金元素等措施。

 任务实施

钢加热时的组织转变任务实施表

情　　境					
学习任务				完成时间	
任务完成人	学习小组		组长	成员	
完成情境任务 所需的知识点					
情境任务实施 的结果					

子学习情境 3.2 钢冷却时的组织转变

 **情境导入**

钢冷却时的组织转变工作任务单

情 境	钢的热处理				
学习任务	子学习情境 3.2：钢冷却时的组织转变		完成时间		
任务完成	学习小组		组长	成员	
任务要求	了解什么是过冷奥氏体；掌握过冷奥氏体的等温转变产物及性能；掌握过冷奥氏体的等温转变和连续转变，影响临界冷却速度的因素				
任务载体和资讯	 共析钢的 C 曲线	**任务描述** 　　通过试验的方法来测定过冷奥氏体的等温转变图，方法是： 1. 取若干组共析钢试样 2. 取一组试样加热奥氏体化 3. 将该组试样冷却到 A_1 点以下某一预定温度进行等温 4. 每隔一定时间取出一个试样迅速淬入水中，使等温过程中尚未转变的奥氏体转变为马氏体 5. 观察试样的显微组织，找出过冷奥氏体转变的开始和终了时间 6. 将其他各组试样加热奥氏体化，分别在 A_1 以下不同温度等温，用同样的方法测出过冷奥氏体转变的开始和终了时间 7. 将所得数据标在温度—时间坐标上，分别连接所有转变的开始点和终了点 8. 利用热膨胀法测出马氏体转变的开始温度和终了温度 资讯： 1. 过冷奥氏体的等温转变产物 2. 过冷奥氏体的等温转变和连续转变 3. 影响临界冷却速度的因素			
资料查询情况					
完成任务小拓展	奥氏体大致在 650℃～A_1 转变形成珠光体，晶粒最粗；600℃～650℃ 转变形成索氏体；550℃～600℃ 转变形成托氏体，晶粒最细。				

 **知识链接**

热处理工艺中，钢在奥氏体化后，接着要进行冷却。冷却的方式通常有以下两种。

（1）等温冷却。将钢迅速冷却到临界点以下的给定温度进行保温，使其在该温度下恒温转变，如图3-3中的曲线1所示。

（2）连续冷却。将钢以某种速度连续冷却，使其在临界点以下变温连续转变，如图3-3中的曲线2所示。

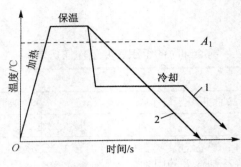

1—等温冷却；2—连续冷却

图3-3　热处理工艺曲线示意图

1　过冷奥氏体的等温转变

从 $Fe\text{-}Fe_3C$ 相图可知，当温度在 A_1 以上时，奥氏体是稳定的，能长期存在。当温度降到 A_1 以下后，奥氏体即处于过冷状态，这种奥氏体称为过冷奥氏体。它是不稳定的，会转变为其他的组织。钢在冷却时，实质上是过冷奥氏体的转变。

1.1　等温转变曲线

共析钢过冷奥氏体的等温转变过程和转变产物可用其等温转变曲线来分析，如图 3-4 所示。图中横坐标为转变时间，纵坐标为温度。根据曲线的形状，等温转变曲线也称为 C 曲线或 TTT 曲线。C 曲线的左边一条为过冷奥氏体转变的开始线，右边一条是过冷奥氏体转变终了线。M_s 线是过冷奥氏体转变为马氏体的开始温度，M_f 线是过冷奥氏体转变为马氏体的终了温度。奥氏体从过冷到转变开始这段时间称为孕育期，孕育期的长短反映了过冷奥氏体的稳定性大小。在 C 曲线的"鼻尖"处（约550℃）孕育期最短，过冷奥氏体最不稳定。

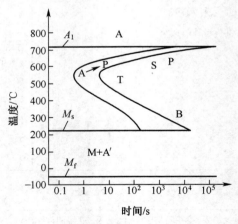

图3-4　共析钢的 C 曲线

与共析钢相比，亚共析钢和过共析钢的 C 曲线上部还各多一条先于共析相的析出线，如图3-5所示。因为在过冷奥氏体转变为珠光体之前，在亚共析钢中要先析出铁素体，在过共析钢中要先析出渗碳体。如 45 钢在600℃～650℃进行等温转变后，产物为铁素体和索氏体；T10 在 650℃～A_1 进行等温转变后，产物为珠光体和渗碳体。

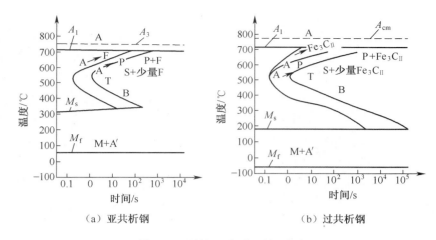

（a）亚共析钢   （b）过共析钢

图 3-5 亚共析钢和过共析钢的 C 曲线

1.2 影响 C 曲线的因素

影响 C 曲线的因素主要是奥氏体的成分和奥氏体化条件。

（1）碳的质量分数。

正常加热条件下，随着碳的质量分数增加，亚共析钢的 C 曲线右移（孕育期增长），同时 M_s、M_f 线上移；过共析钢的 C 曲线左移（孕育期缩短），同时 M_s、M_f 线下移。

（2）合金元素。

除铝、铬外，所有溶于奥氏体的合金元素都能增加奥氏体的稳定性，使 C 曲线右移。但当合金元素未溶入奥氏体，而以碳化物形式存在时，它们将降低过冷奥氏体的稳定性，使 C 曲线左移。

（3）加热温度和保温时间。

加热至 A_1 以上时，随着奥氏体化温度升高和保温时间的延长，奥氏体的成分更加均匀，未溶碳化物减少，晶界的面积也减小，过冷奥氏体形核率下降，从而提高了奥氏体的稳定性，C 曲线右移。

1.3 共析钢的过冷奥氏体等温转变

（1）高温转变。

在 550℃～A_1，过冷奥氏体的转变产物为珠光体，此温度区域称珠光体转变区。因此，这种转变也称为珠光体转变。珠光体是铁素体和渗碳体的机械混合物，渗碳体呈片状分布在铁素体基体上，转变温度越低，层间距越小。按层间距大小，珠光体组织可分为珠光体、索氏体（用符号 S 表示）和托氏体（用符号 T 表示）。它们并无本质区别，也没有严格界限，只是形态上不同。但其性能随之有所改变，由珠光体转变为托氏体，强度、硬度增加，塑性、韧性略有改善。

奥氏体向珠光体的转变是一种扩散型的形核、长大过程，是通过碳、铁原子的扩散和晶体结构的重构来实现的。

（2）中温转变。

过冷奥氏体在 M_s～550℃转变为贝氏体，贝氏体用符号 B 表示，此温度区域称为贝氏体转变区。因此，这种转变也称为贝氏体转变。

贝氏体是渗碳体分布在铁素体基体上的两相混合物。奥氏体向贝氏体的转变属于半扩散型转变，铁原子不扩散而碳原子有一定扩散能力。转变温度不同，形成的贝氏体形态也不同。

过冷奥氏体在 350℃～550℃转变形成的产物称为上贝氏体，用 $B_上$ 表示。上贝氏体呈羽毛状，小片状的渗碳体分布在成排的铁素体之间。上贝氏体组织形态如图 3-6（a）所示。过冷奥氏体在 M_s～350℃的转变产物称为下贝氏体，用 $B_下$ 表示。在光学显微镜下，$B_下$ 呈黑色针状，在电子显微镜下为细片状碳化物，分布于铁素体针内。下贝氏体组织形态如图 3-6（b）所示。

贝氏体的力学性能与其形态有关。上贝氏体的铁素体条较宽，渗碳体分布在铁素体间，其强度低，塑性、韧性差；而下贝氏体的片状铁素体内的渗碳体呈高度弥散分布，所以强度高，塑性、韧性好。

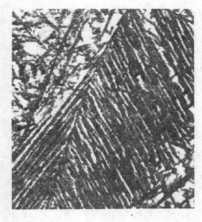

（a）上贝氏体　　　　　　　　　　　　　（b）下贝氏体

图 3-6　贝氏体的组织形态

过冷奥氏体冷却到 M_s 点以下后发生马氏体转变，是一个连续转变过程。

2　过冷奥氏体的连续冷却转变

在实际生产中发生较多的情况是连续冷却，所以研究钢的过冷奥氏体的连续冷却转变过程更具有实际意义。

2.1　连续冷却转变曲线

共析钢的连续冷却转变曲线如图 3-7 所示，简称为 CCT 曲线。P_s 为过冷奥氏体转变为珠光体的转变开始线，P_f 为转变终了线。KK' 线为过冷奥氏体转变终了线，当冷却达到此线时，过冷奥氏体终止转变。由图 3-7 可知，共析钢以大于 v_K 的速度冷却时，由于不与 P_s 或 P_f 线相交，得到的组织是马氏体。这个冷却速度称为临界冷却速度。v_K 越小，钢越容易得到马氏体。共析钢的 CCT 曲线没有过冷奥氏体转变为贝氏体的部分，在连续冷却转变时得不到贝氏体组织。与共析钢的 C 曲线相比，CCT 曲线稍偏右偏下一点，如图 3-8 所示，表明连续冷却时，奥氏体转变成珠光体的温度要低些，时间要长些。

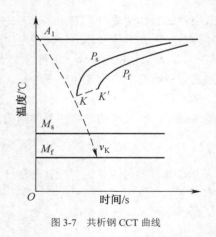

图 3-7　共析钢 CCT 曲线　　　　　　　图 3-8　共析钢 C 曲线与 CCT 曲线的叠加

如图 3-9 所示，亚共析钢过冷奥氏体在高温转变区有一部分转变为铁素体，在中温转变区会有少量上贝氏体生成。例如，亚共析钢油冷的产物为铁素体+托氏体+上贝氏体+马氏体，但铁素体和上贝氏体量很少，有时可忽略。

如图 3-10 所示，过共析钢过冷奥氏体在高温转变区将首先析出渗碳体，然后转变为其他组的织组成物。由于奥氏体中碳的质量分数高，所以油冷、水冷后的组织中应包括残留奥氏体，用 A′表示。与共析钢一样，过共析钢冷却过程中无贝氏体转变。

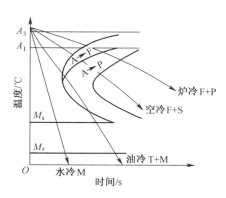

图 3-9　亚共析钢过冷奥氏体的 CCT 曲线

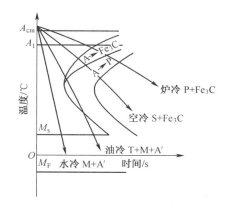

图 3-10　过共析钢过冷奥氏体的 CCT 曲线

2.2　连续冷却转变过程及产物

如图 3-11 所示，以缓慢速度（v_1）炉冷时，过冷奥氏体将转变成珠光体，其转变温度较高，珠光体呈粗片状，硬度为 170～220HBW。以稍快速度（v_2）空冷时，过冷奥氏体转变为索氏体，为细片状组织，硬度为 25～35HRC。以 v_4 速度油冷时，过冷奥氏体先有一部分转变为托氏体，剩余的奥氏体在冷却到 M_S 以下后转变为马氏体（无贝氏体转变），冷却到室温时，还会有少量的未转变奥氏体留下来，称为残留奥氏体。因此转变后得到的组织是托氏体+马氏体+残留奥氏体，硬度为 45～55HRC。当以很快的速度（v_5）水冷时，奥氏体将过冷到 M_S 点以下，发生马氏体转变，冷却到室温也会有部分残留奥氏体，转变后的组织为马氏体+残留奥氏体。

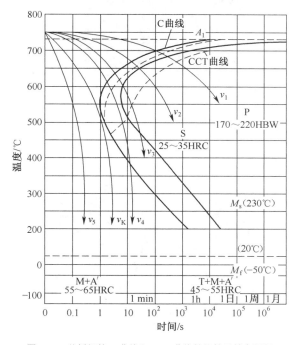

图 3-11　共析钢的 C 曲线和 CCT 曲线的比较及转变组织

过冷奥氏体转变为马氏体是低温转变过程，转变温度为 $M_s \sim M_f$，该温区称为马氏体转变区。

3　马氏体转变

3.1　马氏体的形态与特点

马氏体是碳在 α-Fe 中的过饱和固溶体，为体心立方晶格，如图 3-12 所示，其晶格常数 $a=b\neq c$，c/a 称为马氏体的正方度。正方度越大，晶格畸变就越大。

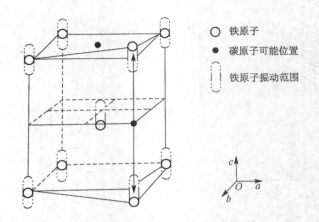

○ 铁原子
● 碳原子可能位置
▯ 铁原子振动范围

图 3-12   马氏体的晶格示意图

马氏体的形态有板条状和片状两种，其形态决定于奥氏体中碳的质量分数。碳的质量分数小于 0.25%时，基本上是板条状，在显微镜下，板条马氏体（也称为低碳马氏体）为一束束平行排列的细板条，如图 3-13 所示。在高倍透射电子显微镜下可以看到板条马氏体内有大量位错缠结的亚结构，所以低碳马氏体又称位错马氏体。

图 3-13   板条马氏体的显微组织

当碳的质量分数大于 1%时，则大多是片状马氏体（也称为高碳马氏体）。在光学显微镜下，片状马氏体呈竹叶状或凸透镜状，在空间形同铁饼。马氏体针之间形成一定角度（60° 或 120°），片状马氏体内有大量孪晶，因此片状马氏体又称为孪晶马氏体，如图 3-14 所示。

图 3-14   片状马氏体的显微组织

碳的质量分数在 0.25%～1%时，马氏体为板条马氏体和片状马氏体的混合组织。

高硬度是马氏体的主要性能特点。马氏体中碳的质量分数越高，其硬度就越高。碳的质量分数与马氏体硬度的关系如图 3-15 所示。

马氏体的塑性和韧性与马氏体中碳的质量分数密切相关。高碳马氏体由于正方度大、内应力高、存在孪晶结构，所以硬而脆，塑性、韧性极差。而低碳马氏体由于正方度小、内应力低、存在位错亚结构，不仅强度高，而且塑性、韧性也较好。

马氏体的比体积比奥氏体大，当奥氏体转变为马氏体时，体积会膨胀。马氏体还是一种铁磁相，在磁场中呈现磁性，而奥氏体在磁场中无磁性。马氏体的晶格有很大的畸变，因此它的电阻率高。

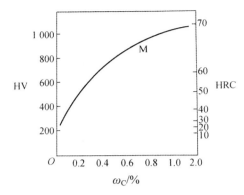

图 3-15　碳的质量分数与马氏体硬度的关系

3.2　马氏体转变的特点

（1）过冷奥氏体转变为马氏体是一种非扩散型转变，因转变温度很低，铁原子和碳原子都不能进行扩散。铁原子沿奥氏体的一定晶面集体地作一定距离的移动（不超过一个原子间距），使面心立方晶格转变为体心立方晶格，碳原子保持不动，过饱和地留在新组成的晶胞中，增大了其正方度。因此，马氏体就是碳在 α-Fe 中的过饱和固溶体。过饱和碳使 α-Fe 的晶格发生很大畸变，产生很强的固溶强化。

（2）马氏体的形成速度很快，瞬间形核并长大。奥氏体冷却到 M_s 点以下后，无孕育期，瞬时转变为马氏体。随着温度下降，过冷奥氏体不断转变为马氏体，在不断降温的条件下继续形成，是一个连续冷却的转变过程。

（3）马氏体转变是不彻底的，即使冷却到 M_f 点也不可能获得 100% 的马氏体，总会有残留奥氏体存在。产生残留奥氏体的原因是马氏体的比体积大于奥氏体，所以奥氏体转变为马氏体时体积会膨胀，最终总会有一些奥氏体因为受压不能转变而被迫留下来。残留奥氏体的质量分数与 M_s、M_f 的高低有关。奥氏体中碳的质量分数越高，M_s、M_f 就越低，残留奥氏体的量就越多。通常在碳的质量分数高于 0.6% 时，在转变产物中应标上 A'；而当碳的质量分数小于 0.6% 时，A' 可忽略。

（4）马氏体形成时体积膨胀，在钢中造成很大的内应力，严重时将使被淬火零件开裂。

 任务实施

钢冷却时的组织转变任务实施表

情　　境					
学习任务				完成时间	
任务完成人	学习小组		组长	成员	
完成情境任务所需的知识点					
情境任务实施的结果					

子学习情境 3.3　钢的退火与正火

钢的退火与正火工作任务单

情　　境	钢的热处理				
学习任务	子学习情境 3.3：钢的退火与正火			完成时间	
任务完成	学习小组		组长		成员
任务要求	掌握退火、正火的热处理工艺及应用；能够根据生产中的实际情况合理选择热处理工艺				
任务载体和资讯	任务载体 任务载体			**任务描述** 　机械零件的一般加工工艺为：毛坯（铸、锻）→预备热处理→机械加工→最终热处理 1．如何消除加工过程中产生的内应力 2．切削件的硬度在 170～230HB 范围内，切削性能较好。刀具具有较高的韧性时，不容易发生崩刃 　切削件的硬度如何调整，刀具才能具有较高的韧性 资讯： 1．退火处理的目的、生产上常用的退火方法及其应用范围 2．正火处理的目的、正火的应用范围 3．退火和正火的选择		
资料查询情况					
完成任务小拓展	近年来，球化退火应用于亚共析钢也取得成效，只要严格地控制工艺，亚共析钢同样可以获得良好的"球化体"组织，使材料具有最佳的塑性和较低的硬度，从而有利于冷挤、冷拉、冷冲等冷成型加工				

退火与正火是生产中应用最广泛的预备热处理方式，安排在铸造、锻造之后机械加工之前，用于消除前一道工序带来的缺陷。对于一些受力不大、性能要求不高的零件，也可以作为最终热处理方式。常见的退火、正火加热范围及工艺曲线如图 3-16 所示。

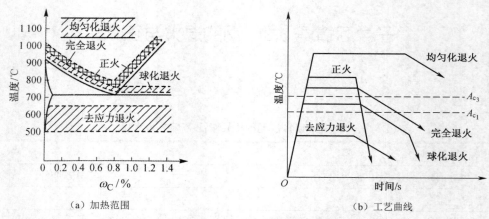

（a）加热范围　　　　　　　（b）工艺曲线

图 3-16　常见退火、正火的加热温度范围及工艺曲线

1　退火

　　将组织偏离平衡状态的钢加热到适当温度，保温一定时间，然后缓慢冷却（随炉冷却），以获得接近平衡状态组织的热处理工艺称为退火。根据退火的目的和要求不同，退火可分为完全退火、等温退火、球化退火、均匀化（扩散）退火、去应力退火、再结晶退火等。

1.1　完全退火

　　完全退火是把钢加热到 A_{c_3} 以上 20℃～30℃，保温一定时间后缓慢冷却（随炉冷却、埋入石灰或砂中冷却），以获得接近平衡组织的热处理工艺。完全退火的目的如下：

　　（1）通过完全重结晶，使热加工造成的粗大、不均匀的组织均匀化和细化，以提高钢的性能。

　　（2）使中碳钢以上的碳钢或合金钢得到接近平衡状态的组织，以降低硬度，改善其切削加工性能。

　　（3）冷速缓慢，可消除内应力。

　　完全退火主要用于亚共析钢，过共析钢不宜采用。因为加热到 $A_{c_{cm}}$ 以上慢冷时，渗碳体会以网状形式沿奥氏体晶界析出，使钢的韧性大大下降，并可能在以后的热处理中引起裂纹。

1.2　等温退火

　　等温退火是将钢件或毛坯加热到高于 A_{c_3} 或 A_{c_1} 的温度，保温适当时间后，较快地冷却到珠光体区的某一温度，并等温保持一段时间，使奥氏体转变为珠光体，然后缓慢冷却的热处理工艺。等温退火的目的与完全退火相同，但转变较易控制，能获得均匀的预期组织；等温一定时间后，使奥氏体在等温中转变为珠光体，常常可以大大缩短退火时间，提高生产率。

　　高速钢的完全退火与等温退火的比较如图 3-17 所示，完全退火需要 15～20h 甚至更长，而等温退火所需时间缩短很多。

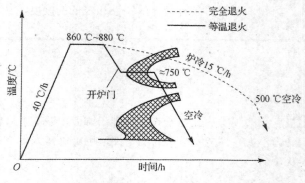

图 3-17　高速钢的完全退火与等温退火的比较

1.3 球化退火

球化退火是使钢中碳化物球状化的热处理工艺。球化退火主要用于过共析钢、碳钢及合金钢（如制造刀具、量具、模具所用的钢种），其目的是使二次渗碳体及珠光体中的渗碳体球状化（退火前先正火将网状二次渗碳体破碎），以降低硬度，改善切削加工性能，并为淬火做组织准备。

过共析钢的组织为层片状的珠光体和网状的渗碳体，珠光体本身较硬，而且由于网状渗碳体的存在，更增加了钢的硬度和脆性。这不仅给切削带来困难，而且还会在淬火时引起变形和开裂。为了克服过共析钢的这一缺点，在热加工后必须安排一道球化退火工序，使网状二次渗碳体及珠光体中的层片状渗碳体发生球化，变成球状（粒状）。球状碳化物的硬度远比层片状珠光体与网状渗碳体组织的硬度低。

球化退火的组织为在铁素体基体上分布着细小而均匀的球状渗碳体。T10 球化退火后的显微组织如图 3-18 所示。

图 3-18 T10 球化退火后的显微组织

球化退火一般采用随炉加热，温度略高于 A_{c_1}，以便保留较多的未溶碳化物或保持较大的奥氏体中的碳浓度分布的不均匀性，促进球状碳化物的形成。若加热温度过高，二次渗碳体易在慢冷时呈网状析出。球化退火需要较长时间的保温来确保二次渗碳体球化，保温后随炉冷却。

1.4 均匀化退火

为减少钢锭、铸件或锻坯的化学成分和组织的不均匀性，将其加热到略低于固相线的温度，长时间保温并进行缓慢冷却的热处理工艺，称为均匀化退火或扩散退火。

均匀化退火的加热温度一般选定在钢的熔点以下 100℃～200℃，保温时间一般为 10～15h。加热温度升高时，扩散时间可以缩短。

均匀化退火后的晶粒很粗大，因此一般需再进行完全退火或正火处理。

1.5 去应力退火

为消除铸造、锻造、焊接和机械加工、冷变形等冷、热加工在工件中造成的残留应力而进行的低温退火，称为去应力退火。

去应力退火一般是将钢件随炉缓慢加热（100℃/h～150℃/h）至低于 A_{c_1} 的某一温度（一般为 500℃～650℃），保温一段时间，然后随炉缓慢冷却（50℃/h～100℃/h）至 200℃～300℃出炉。这种处理可以消除 50%～80% 的内应力，而不引起组织变化。

1.6 再结晶退火

将钢件加热到再结晶温度以上 150℃～250℃，即 650℃～750℃时，保温后炉冷，通过再结晶使钢材的塑性恢复到冷塑性变形以前的状况，这种热处理工艺称为再结晶退火。

再结晶退火主要用于处理消除冷塑性变形加工产品的加工硬化，提高其塑性；也常作为冷塑性变形过程中的中间退火，恢复金属材料的塑性，以便继续加工。

2 正火

把钢材或钢件加热到 A_{c_3}（亚共析钢）和 $A_{c_{cm}}$（过共析钢）以上 30℃～50℃，保温适当时间后，从炉中取出，在空气中冷却的热处理工艺称为正火。正火与退火的明显不同是正火冷却速度稍快。

根据钢的过冷奥氏体的 C 曲线可以知道，由于冷却速度的差别，钢冷却后所得的组织也不一样。正火后亚共析钢的组织为铁素体+索氏体，共析钢的组织为索氏体，过共析钢的组织为索氏体+二次渗碳体。在性能方面，正火后的组织硬度和强度都比退火的有所提高。正火的目的也是使钢的组织正常化，一般用于下述几个方面。

2.1 最终热处理

正火可以细化晶粒，使组织均匀化，减少亚共析钢中的铁素体含量，使得珠光体含量增多并细化，从而提高钢的强度、硬度和韧性。对于普通结构钢零件，当力学性能要求不高时，可以将正火作为最终热处理方式。

2.2 预备热处理

截面较大的合金结构钢件，在淬火或调质处理（淬火+高温回火）前常进行正火，以获得细小而均匀的组织。对于过共析钢可减少二次渗碳体的量，并使其不形成连续网状，为球化退火做组织准备。

2.3 改善切削加工性能

低碳钢或低碳合金钢退火后硬度太低，不便于切削加工。正火可以提高其硬度，改善其切削加工性能。

3 退火和正火的选择

退火与正火同属于钢的预备热处理，其工艺及作用有许多相似之处，因此，在实际生产中有时两者可以相互替代，选用时主要从下述三个方面考虑。

3.1 从切削加工性考虑

一般来说，钢的硬度在 170～260HBW 时，切削加工性能较好。各种碳钢退火和正火后的硬度范围如图 3-19 所示，图中阴影部分为切削加工性能较好的硬度范围。由图 3-19 可见，碳的质量分数小于 0.5% 的结构钢选用正火为宜；碳的质量分数大于 0.5% 的结构钢选用完全退火为宜；而高碳工具钢则应选用球化退火作为预备热处理方式。

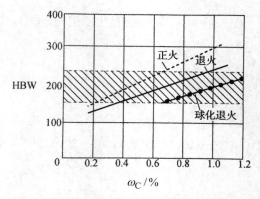

图 3-19 碳钢退火和正火的硬度范围

3.2 从零件的结构形状考虑

对于形状复杂的零件或尺寸较大的大型钢件，若采用正火，零件的外层和尖角处冷却速度太快，而内部则冷却较慢，最终可能产生较大的内应力，导致变形和裂纹，因此宜采用退火。

3.3　从经济性考虑

因正火比退火的生产周期短、成本低、操作简单，故在可能条件下应尽量采用正火，以降低生产成本。

任务实施

钢的退火与正火任务实施表

情　　境						
学习任务				完成时间		
任务完成人	学习小组		组长		成员	
完成情境任务 所需的知识点						
情境任务实施 的结果						

子学习情境 3.4　钢的淬火与回火

 **情境导入**

钢的淬火与回火工作任务单

情　　境	钢的热处理				
学习任务	子学习情境 3.4：钢的淬火与回火			完成时间	
任务完成	学习小组		组长	成员	
任务要求	掌握淬火、回火的热处理工艺及应用；能够根据生产中的实际情况合理选择热处理工艺				
任务载体和资讯	轴承 弹簧　　　　　板簧			**任务描述** 1．一般滚动轴承的加工工艺路线为：轧制或锻造→球化退火→机械加工→淬火→低温回火→磨削→成品 2．用于制造汽车、拖拉机和火车的板弹簧或螺旋弹簧的最终热处理：淬火+中温回火 　　分析热处理工艺中淬火、回火的目的，回火的组织和性能如何 资讯： 1．什么是淬火、淬火的目的、淬火的加热温度如何选择、常用的淬火方法、淬透性和淬硬性 2．什么是回火、回火的目的、常用的回火方法、各种钢回火后的组织和性能如何 3．什么是调质处理		
资料查询情况					
完成任务小拓展	淬透性和淬硬性是两个不同的概念，不可混淆。淬透性好的钢，其淬硬性不一定高，如高碳工具钢和低碳合金钢相比，前者淬硬性高但淬透性差，后者淬硬性低但淬透性高				

 **知识链接**

1　钢的淬火

将钢件加热到 A_{c_3} 或 A_{c_1} 以上的适当温度，经保温后快速冷却（冷却速度>v_k）以获得马氏体（或下贝氏体）组织的热处理工艺称为淬火。淬火的目的是获得马氏体，以提高钢的力学性能，如各种工模量具、滚动轴承等工件的淬火就是为了获得马氏体，以提高其硬度和耐磨性。

1.1 钢的淬火工艺

（1）淬火的加热温度。

碳钢的淬火温度可利用 Fe-Fe₃C 相图来选择，如图 3-20 所示。为了防止奥氏体晶粒粗化，一般淬火温度不宜太高，只允许超出临界点 30℃～50℃。

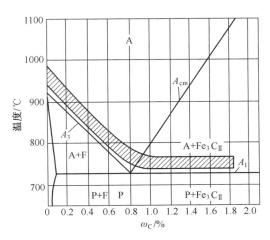

图 3-20　碳钢的淬火加热温度范围

对于亚共析钢，适宜的淬火温度一般为 A_{c_3} 以上 30℃～50℃，这样可获得均匀细小的马氏体组织。如果淬火温度过高，则将获得粗大马氏体组织，同时引起钢件产生较严重变形的现象。如果淬火温度过低，则在淬火组织中将出现铁素体，造成钢的硬度不足，强度不高。

对于过共析钢，适宜的淬火温度一般为 A_{c_1} 以上 30℃～50℃，这样可获得均匀细小马氏体和粒状渗碳体的混合组织。如果淬火温度过高，则将获得粗片状马氏体组织，同时引起钢件产生较严重变形，淬火开裂倾向增大；还由于渗碳体溶解过多，淬火后钢中残留奥氏体量增多，从而降低钢的硬度和耐磨性。如果淬火温度过低，则可能得到非马氏体组织，使钢的硬度达不到要求。

对于合金钢，因为大多数合金元素阻碍奥氏体晶粒长大（锰、磷除外），所以淬火温度允许比碳钢稍微提高一些，这样可使合金元素充分溶解和均匀化，以取得较好的淬火效果。

（2）淬火冷却介质。

淬火操作的难度比较大，这主要是因为：淬火要求得到马氏体，淬火的冷却速度就必须大于临界冷却速度（v_k），而快冷总是不可避免地要造成很大的内应力，往往会引起钢件的变形和开裂。

淬火冷却时，怎样才能既得到马氏体而又减小变形与避免裂纹，这是淬火工艺中最主要的一个问题。要解决这个问题，可以从两方面着手：一是寻找一种比较理想的淬火介质，二是改进淬火的冷却方法。

根据碳钢的过冷奥氏体 C 曲线可知，要淬火得到马氏体并不需要在整个冷却过程中都进行快速冷却。关键是在碳钢的 C 曲线"鼻尖"附近，即在 550℃～650℃进行快速冷却；而从淬火温度到 650℃及 400℃以下并不需要快速冷却；特别是在 200℃～300℃发生马氏体转变时，尤其不应快速冷却，否则会因内应力作用而容易引起变形和裂纹。因此，钢的理想淬火冷却速度如图 3-21 所示。但是在实际生产中，到目前为止还没找到一种理想的淬冷介质。

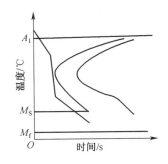

图 3-21　钢的理想淬火冷却速度

淬火时，最常用的冷却介质是水、盐水和油。水的淬冷能力很强，盐水的淬冷能力更强，尤其在 550℃～650℃时具有很强的冷却能力（大于 600℃/s），这对保证工件特别是碳钢件的淬硬性来说是非常有利的。当工件用盐水淬火时，由于食盐晶体在工件表面的析出和爆裂，不仅有效地破坏包围在工件表面的蒸气膜，使冷却速度加快，而且能破坏在淬火加热时所形成的附在工件表面上的氧化铁皮，使它剥落下来。因此，用盐水淬火的工件容易得到高的硬度和光洁的表面，不易产生淬不硬的软点，这是清水淬火无法达到的。盐水淬冷的缺点与清水一样，即在 200℃～300℃时冷却能力强，这将使工件变形严重，甚至产生开裂。

常用的盐水浓度为 10%～15%。盐水浓度过高不但不能增加冷却能力，反而由于溶液黏度的增加使冷却速度有降低的趋势；但盐水浓度过低也会减弱冷却能力。所以盐水浓度应经常注意调整。盐水对工件有锈蚀作用，淬过火的工件必须进行仔细清洗。盐水比较适用于淬形状简单、硬度要求高而均匀、表面要求光洁、变形要求不严格的碳钢零件，如螺钉、销、垫圈等。在生产上，为了保证碳钢冷冲模具获得较厚的淬硬层和较高的硬度，一般用盐水进行快速冷却。但为了防止因盐水在 200℃～300℃却速度过大而可能造成模具的过大变形或裂纹，让模具在盐水中停留一定时间以后应立即转入油中继续冷却，使马氏体相变在冷却能力比较弱的油中进行。

油的淬冷能力很弱。在 550℃～650℃，假定 18℃的水的冷却强度为 1，则 50℃的矿物油的冷却强度仅为 0.25；在 200℃～300℃，假定 18℃的水的冷却强度为 1，则 50℃矿物油的冷却强度仅为 0.11。因此，在生产上用油作为淬火介质只适用于过冷奥氏体的稳定性比较大的一些合金钢或小尺寸的碳钢工件的淬火。

淬火用油几乎全部为矿物油，用得比较广泛的是 10 号机油，号数较大的机油，黏度过高；号数较小的机油则容易着火。

除盐水和矿物油外，还可以用硝盐浴或碱浴作为淬火冷却介质。常用碱浴、硝盐浴的成分、熔点及其使用温度如表 3-1 所示。

表 3-1　常用碱浴、硝盐浴的成分、熔点及使用温度

介质	成分	熔点/℃	使用温度/℃
碱浴	80%KOH+20NaOH%，另加 3%KNO₃+3%NaNO₂ +6%H₂O	120	140～180
	85%KOH+15% NaNO₂，另加 3%～6% H₂O	130	150～180
硝盐浴	53%KNO₃+40%NaNO₂+70%NaNO₃，另加 3%H₂O	100	120～200
	55%KNO₃+45%NaNO₂，另加 3%～5%H₂O	130	150～200
	55%KNO₃+45%NaNO₂	137	155～550

实践表明，在高温区域，碱浴的冷却能力比油强而比水弱，硝盐浴的冷却能力则比油略弱；在低温区域，碱浴和硝盐浴的冷却能力都比油弱。碱浴和硝盐浴的冷却性能既能保证奥氏体向马氏体转变时不发生中途分解，又能大大减小工件的变形和开裂的倾向，因此这类介质广泛应用于截面不大、形状复杂、变形要求严格的碳素工具钢、合金工具钢等工件，作为分级淬火或等温淬火的冷却介质。碱浴的冷却能力虽然比硝盐浴强一些，且碱浴后工件的淬硬层也比用硝盐浴厚一些，但因碱浴蒸气有较大的刺激性，劳动条件差，所以在生产中使用不如硝盐浴广泛。

1.2　常用的淬火方法

由于淬火冷却介质不能完全满足淬火质量的要求，所以在热处理工艺方面还应考虑从淬火方法上去加以解决。

（1）单液淬火法。

40Cr 油泵齿轮及其油冷单液淬火工艺如图 3-22 所示。单液淬火是将加热的工件放入一种淬火介质中连续冷却至室温的操作方法。碳钢在水中淬火、合金钢在油中淬火等均属于单液淬火法，这种方法操作简单，容易实现机械化和自动化。但在连续冷却至室温的过程中，水淬容易产生变形和裂纹，油淬容易产生硬度不足或硬度不均匀等现象。

（2）双液淬火法。

对于形状复杂的碳钢件，为了防止在低温范围内马氏体相变时发生裂纹，可在水中淬冷至接近 M_s 温变时从水中取出立即转到油中冷却，如图 3-23 所示。这就是双液淬火法，也称为水淬油冷法。双液淬火方法如果能够掌握好在水中的停留时间，即可有效地防止裂纹的产生。

（3）分级淬火法。

单液淬火法的缺点是工件在马氏体相变温度范围的冷速太快，而且在淬冷过程中工件表面与心部的温差太大，因此容易产生很大的内应力，造成工件严重变形甚至开裂。双液淬火法虽然减慢了马氏体相变时的冷却速度，但仍未能很好地解决工件表面与心部的温差问题。如果将淬火方法改成首先在温度为 150℃～260℃的硝盐

浴或碱浴中冷却，稍加停留，待其表面与心部的温差减小后再取出在空气中冷却，则可以更有效地避免变形和裂纹的产生。这就是分级淬火法，又称为热浴淬火法。40Cr 油泵齿轮的分级淬火工艺如图 3-24 所示。分级淬火后的 40Cr 油泵齿轮不仅减少了变形情况，避免了裂纹的产生，而且形成的工件硬度也比较均匀。分级淬火法在工艺上虽然比较理想，操作容易，但由于它在硝盐浴或碱浴中淬火的冷却速度不够大，所以只适用于尺寸比较小的工件。

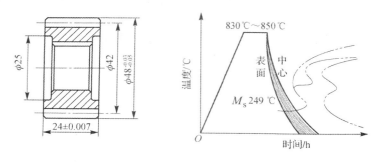

图 3-22　40Cr 油泵齿轮及其油冷单液淬火工艺

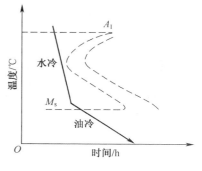

图 3-23　双液淬火工艺

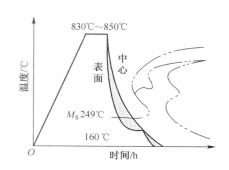

图 3-24　40Cr 油泵齿轮的分级淬火工艺

（4）等温淬火法。

对于一些不但形状复杂，而且要求具有较高硬度和好的韧性的工具、模具等工件，则可进行等温淬火，以得到下贝氏体的组织。等温淬火法一般是将钢件放入稍高于 M_s 点温度（260℃～400℃）的硝盐浴或碱浴中，保温足够的时间，使其发生下贝氏体相变，随后在空气中冷却。等温淬火法也只适用于薄的、尺寸较小的工件。工件的等温淬火工艺如图 3-25 所示。

（5）局部淬火法。

有些工件按其工作条件如果只是局部要求高硬度，则可采用局部加热淬火的方法，以避免工件其他部位产生变形和裂纹。直径大于 60mm 的局部淬火法如图 3-26 所示。

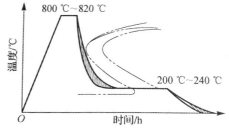

图 3-25　等温淬火工艺

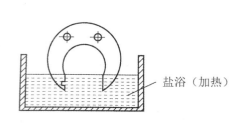

图 3-26　卡规的局部淬火法

（6）冷处理。

为了尽量减少钢中残留奥氏体以获得最大数量的马氏体，可进行冷处理，即把淬冷至室温的钢继续冷却到 −80℃～−70℃（也可冷却到更低的温度），保持一段时间，使残留奥氏体在继续冷却过程中转变为马氏体。这样可提高钢的硬度和耐磨性，并稳定钢件的尺寸。获得低温的办法是采用干冰（固态 CO_2）和酒精的混合剂或冷冻机冷却。只有特殊情况下的冷处理才将工件置于–103℃的液化乙烯或–192℃的液态氮中进行。采用冷处理法时必须防止产生裂纹，故可考虑先回火一次，然后冷处理，冷处理后再进行回火。

1.3   钢的淬透性和淬硬性

1.3.1   淬透性的概念

钢淬火的目的是获得马氏体组织，其前提是奥氏体的冷却速度必须大于临界冷却速度。事实上，钢件淬火时，其截面上各处的冷却速度是不同的。表面冷却速度最大，越到中心，冷却速度越小，如图 3-27（a）所示。如果钢件中心部分的冷却速度低于临界冷却速度，则心部将获得非马氏体组织，即钢件没有被淬透，如图 3-27（b）所示。

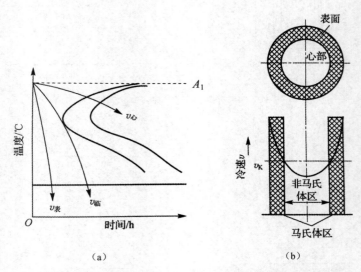

（a）   （b）

图 3-27   钢件淬硬层深度、硬度分布与冷却速度的关系

淬透性是指钢在淬火时形成马氏体的能力。通常以钢在规定的条件下淬火时获得淬硬层深度的能力来衡量。一般规定由工件表面到半马氏体区（即马氏体和珠光体组织各占 50% 的区域）的厚度作为淬硬层深度。

1.3.2   淬透性的测定

为了便于比较各种钢的淬透性，必须在统一标准的冷却条件下进行测定，测定淬透性的方法有很多，最常用的方法有以下两种：

（1）临界直径法。

临界直径是将钢材在某种介质中淬火后心部得到全部马氏体或 50% 马氏体的最大直径，以 D_c 表示。D_c 越大，表示钢的淬透性越好。但由于淬火冷却的介质不同，钢的临界直径也不同，同一成分的钢在水中淬火时的临界直径大于在油中淬火时的临界直径。

（2）末端淬火法。

末端淬火法是将一个标准的试样加热到完全奥氏体化后放在支架上，从它的一端进行喷水冷却，然后在试样表面上从端面起依次测定硬度，便可得到硬度与距端面距离之间的变化曲线，如图 3-28 所示。

各种常用钢的淬透性曲线均可以在相关手册中查到，比较钢的淬透性曲线可以比较出不同钢的淬透性。从图 3-28（b）中可以看出，40Cr 的淬透性大于 45 钢。

1.3.3   影响钢的淬透性的因素

钢的淬透性与其临界冷却速度直接有关。C 曲线越靠右，即奥氏体越稳定，则 v_k 越小，钢的淬透性越好。因此，凡是影响奥氏体稳定性的因素，均影响钢的淬透性。

（1）碳的质量分数。对于亚共析钢，碳的质量分数越高，其淬透性越好；过共析钢则相反。

（2）合金元素。除了钴外，所有合金元素溶于奥氏体后，都会提高钢的淬透性。

（3）奥氏体化的温度。提高奥氏体的温度将使奥氏体晶粒长大，成分均匀化，可减少珠光体的形核率，减小 v_k 以增加其淬透性。

（4）未溶第二相。钢中未溶入奥氏体的碳化物、氮化物及其他非金属夹杂物，可成为奥氏体分解的非自发核心，使得 v_k 增大，降低其淬透性。

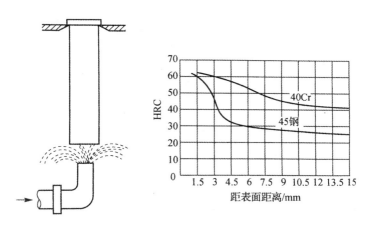

图 3-28　末端淬火法的淬透性曲线

钢的淬透性与实际工件的淬硬层深度并不相同。淬透性是钢在规定条件下的一种工艺性能，而淬硬层深度是指实际工件在具体条件下淬火得到的从表面到半马氏体处的距离，它与淬透性、工件的截面尺寸和淬火介质的冷却能力等有关。淬透性越好，工件截面越小，淬火介质的冷却能力越强，则淬硬层的深度越大。

1.3.4　钢的淬硬性

淬硬性是钢在理想的淬火条件下获得马氏体后能达到的最高硬度。由于马氏体的硬度主要取决于碳在马氏体中的过饱和度，因而钢的淬硬性取决于含碳量的高低。低碳钢淬火的最高硬度低，淬硬性差；高碳钢淬火的最高硬度高，淬硬性好。

1.3.5　钢的淬火缺陷

在热处理生产中，由于淬火工艺控制不当，常会产生氧化与脱碳，过热与过烧、变形与开裂、硬度不足及软点等缺陷。钢的淬火缺陷产生的原因、后果和防止与补救方法如表 3-2 所示。

表 3-2　钢的淬火缺陷产生的原因、后果、防止与补救方法

缺陷名称	缺陷含义及其产生原因	后果	防止与补救方法
氧化与脱碳	钢在加热时，炉内的氧气与钢表面的铁相互作用，形成一层松脆的氧化铁皮的现象称为氧化 钢在加热时，钢表面的碳与气体介质作用而逸出，使钢件表面含碳量降低的现象称为脱碳	氧化和脱碳会降低钢件表面的硬度和疲劳强度，而且还会影响工件的尺寸	在盐浴炉内加热，或在工件表面涂覆保护剂，也可在保护气氛及真空中加热
过热与过烧	钢在淬火加热时，由于加热温度过高或高温停留时间过长，造成奥氏体晶粒显著粗化的现象称为过热 加热温度达到固相线附近，晶界已经开始出现氧化和熔化的现象称为过烧	工件过热后，晶粒粗大，使钢的力学性能（尤其是韧性）降低，并易引起淬火时的变形与开裂 工件过烧后，晶粒边界产生氧化，在晶粒周围形成硬壳，破坏了晶粒间的联系，一经锻打，金属立即破碎而成为废品	严格控制加热温度和保温时间 发现过热，马上出炉冷却至火色消失，再立即重新加热到规定温度或通过正火予以补救 过烧的工件只能报废，无法补救
变形与开裂	淬火内应力是造成工件变形和开裂的主要原因	无法使用	应选用合理的工艺方法 变形的工件可采取校正的方法补救，而开裂的工件只能报废
硬度不足	由于加热温度过低、保温时间不足、冷却速度不够快或表面脱碳等原因，在淬火后无法达到预期的硬度	无法满足使用性能	严格执行工艺规程 发现硬度不足，可先进行一次退火或正火处理，再重新淬火
软点	淬火后工件表面有许多未淬硬的小区域。产生原因包括加热温度不够、局部冷却速度不足（局部有污物、气泡等）及局部脱碳等	组织不均匀，性能不一致	冷却时注意操作方法，增加搅动 产生软点后，可先进行一次退火、正火或调质处理，再重新淬火

2 钢的回火

所谓回火，是指将淬火后的钢重新加热到 A_{c_1} 以下的某一温度，保温一定时间，然后冷却到室温的一种热处理工艺。

2.1 回火的目的

由于钢淬火后的组织主要是马氏体和少量的残留奥氏体，它们处于不稳定的状态，会自发地向稳定组织转变，从而引起工件变形甚至开裂。因此，淬火后必须马上进行回火处理。回火的主要目的如下：

（1）降低脆性，消除或减少内应力。钢件淬火后存在很大的内应力和脆性，如不及时回火往往会使钢件发生变形甚至开裂。

（2）获得工件所要求的力学性能。工件经淬火后，硬度高而脆性大，为了满足各种工件的不同性能的要求，可以通过适当回火来调整硬度，减小脆性，得到所需要的韧性、塑性。

（3）稳定工件尺寸。利用回火处理可以促使工件组织转变，从而得到稳定的组织结构，以保证工件在以后的使用过程中不再发生尺寸和形状的改变。

（4）对于退火难以软化的某些合金钢，在淬火（或正火）后常采用高温回火，使钢中碳化物适当聚集，将硬度降低，以利于切削加工。

2.2 淬火钢在回火时的组织转变

回火实质上是采用加热手段，使处于不稳定状态的淬火组织较快地转变为相对稳定的回火组织的工艺过程。随着回火加热温度的升高，原子扩散能力逐渐增强，马氏体中过饱和的碳会以碳化物的形式逐渐析出，残留奥氏体也会慢慢地发生转变，使马氏体中碳的过饱和程度不断降低，晶格畸变程度减弱，直至过饱和状态完全消失，晶格恢复正常，变为由铁素体和细颗粒渗碳体组成的混合物。

在淬火钢中马氏体是比体积最大的组织，而奥氏体是比体积最小的组织。在发生回火转变时，必然会伴随明显的体积变化，如当马氏体发生分解时，钢的体积将减小；当残留奥氏体发生转变时，钢的体积将增大。因此，根据淬火钢在回火时的体积变化即可了解回火时的相变情况。

淬火钢回火时，在不同温度阶段组织的转变情况如表 3-3 所示。回火后的组织可分为回火马氏体（用 $M_{回}$ 表示）、回火托氏体（用 $T_{回}$ 表示）和回火索氏体（用 $S_{回}$ 表示）。三种回火后的显微组织如图 3-29 所示。

表 3-3 淬火钢回火时不同温度下的组织

转变阶段	回火温度/℃	转变特点	转变产物
马氏体分解	80～200	过饱和碳以极小的过渡相碳化物析出，马氏体中碳的过饱和程度降低，晶格畸变程度减弱，韧性有所提高，硬度基本不变	$M_{回}$+A
残留奥氏体分解	200～300	残留奥氏体开始分解为下贝氏体或回火马氏体，淬火内应力进一步减小，硬度无明显降低	$M_{回}$
渗碳体的形成	300～400	从过饱和固溶体中析出的碳化物转变为颗粒状的渗碳体，400℃时晶格恢复正常，变为铁素体基体上弥散分布的细颗粒状渗碳体的混合物，钢的内应力完全消除，硬度明显下降	$T_{回}$
渗碳体聚集长大	400 以上	细小的渗碳体颗粒不断长大，回火温度越高，渗碳体颗粒越粗，转变为颗粒状渗碳体和铁素体组成的混合组织，内应力完全消除，硬度明显下降	$S_{回}$

淬火钢回火时的组织变化是在不同温度范围内发生且又交叉重叠进行的，这些变化的综合结果使钢在回火后表现出随着回火温度的升高，硬度、强度下降，而塑性、韧性提高。40 钢的力学性能与回火温度间的关系如图 3-30 所示。

（a）回火马氏体

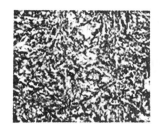
（b）回火托氏体

（c）回火索氏体

图 3-29　45 钢的回火组织

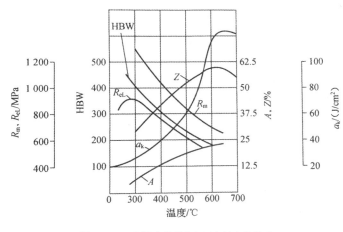

图 3-30　40 钢的力学性能与回火温度的关系

2.3　回火的种类及应用

回火时，由于回火温度决定钢的组织和性能，所以生产中一般以工件所需的硬度来决定回火的温度。根据回火温度的不同，通常将回火分为低温回火、中温回火、高温回火三类。常用的回火方法及应用场合如表 3-4 所示。

表 3-4　常用的回火方法及应用场合

回火方法	加热温度/℃	获得组织	性能特点	应用场合
低温回火	150～250	M$_{回}$	具有较高的硬度、耐磨性和一定的韧性，硬度可达 58～64HRC	用于刀具、量具、冷冲模、拉丝模以及其他要求高硬度、高耐磨性的零件
中温回火	350～500	T$_{回}$	具有较高的弹性极限、屈服强度和适当的韧性，硬度可达 40～50HRC	主要用于弹性零件及热锻模等
高温回火	500～650	S$_{回}$	具有良好的综合力学性能（足够的强度与高韧性相配合），硬度可达 200～300HBW	与淬火相结合，用于重要的受力构件，如丝杠、螺栓、连杆、齿轮、曲轴等

生产中把淬火与高温回火相结合的热处理工艺称为调质，由于调质处理后工件可获得良好的综合力学性能，不仅强度高，而且有较好的塑性和韧性，这就为零件在工作中承受各种载荷提供了有利条件，因此重要的、受力复杂的结构零件一般均采用调质处理。

钢经过调质处理后的组织为回火索氏体，即细颗粒状弥散分布的渗碳体在细颗粒状铁素体基体上的混合物。由于渗碳体呈细颗粒状，不但减小了对基体的割裂作用，还作为强化相起到了显著的基体强化作用，所以调质处理比正火后得到的索氏体（渗碳体与铁素体构成的细片层状混合物）具有更好的力学性能。40 钢正火处理与调质处理的力学性能比较如表 3-5 所示。

除了以上三种常用的回火方法外，某些高合金钢还在 640℃～680℃进行软化回火。某些量具等精密工件为了保持淬火后的高硬度及尺寸稳定性，有时需在 100℃～150℃ 进行长时间的加热（10～50h），这种低温长时间的回火称为尺寸稳定处理或时效处理。

表 3-5　40 钢正火处理与调质处理的力学性能比较

热处理工艺	R_m /MPa	A /%	α_K /(J/cm^2)	HBW
正火	700～800	15～20	50～80	162～220
调质	750～850	20～25	80～120	210～250

2.4　回火脆性

淬火钢的韧性并不总是随回火温度的升高而升高的，在某些温度范围内回火时，出现冲击韧性显著下降的现象，称为回火脆性。回火脆性有低温回火脆性（250℃～350℃）和高温回火脆性（500℃～650℃）两种。

（1）低温回火脆性。

低温回火脆性又称为不可逆回火脆性或第一类回火脆性，出现在回火温度为 250℃～350℃时。在这一温度范围沿马氏体的晶界会析出碳化物薄片，使材料的韧性显著下降。这也是不在 250℃～350℃进行回火的原因。

（2）高温回火脆性。

高温回火脆性又称为可逆回火脆性或第二类回火脆性，出现在回火温度为 400℃～550℃时。主要发生在含铬、镍、硅、锰等的合金钢中，若在该温度范围内长时间保温或缓冷，便发生明显的脆化现象，但回火后快冷，又可使脆化现象消失或受到抑制，所以这类回火脆性又称为可逆回火脆性。

一般认为，高温回火脆性产生的原因与铅、锡、磷等杂质元素在原奥氏体晶界上偏聚有关，铬、镍、硅、锰元素会加大发生这种回火脆性的概率。

除了回火后快冷外，在钢中加入钨和铝等合金元素也能有效地抑制高温回火脆性的产生。

任务实施

钢的淬火与回火任务实施表

情　　境						
学习任务					完成时间	
任务完成人	学习小组		组长		成员	
完成情境任务 所需的知识点						
情境任务实施 的结果						

学习情境 4　钢的表面处理

学习目标

知识目标：了解钢表面处理的目的及方法。

能力目标：会针对不同用途的材料选择不同的表面处理方法；培养学生获取、筛选信息和制订计划、方案及实施、检查和评价的能力；培养学生独立分析、解决问题的能力；培养学生的创造和审美能力；培养学生的团队合作、交流、组织协调的能力和责任心。

素质目标：养成严谨细致、一丝不苟的工作作风；培养学生的自信心、竞争意识和效率意识；培养学生的爱岗敬业、诚实守信、服务群众、奉献社会等职业道德。

子学习情境 4.1　表面淬火与化学热处理

情境导入

表面淬火与化学热处理工作任务单

情　　境	钢的表面处理				
学习任务	子学习情境 4.1：表面淬火与化学热处理			完成时间	
任务完成	学习小组		组长	成员	
任务要求	掌握金属材料表面处理方法				
任务载体和资讯	齿轮			**任务描述**　在生产生活中，许多常见机械产品都会用到齿轮。汽车、拖拉机对齿轮的工作条件要求较高，既要求轮齿表面有较高的耐磨性和抗疲劳强度，又要求心部有良好的冲击韧性。单一的整体热处理并不能完全满足上述要求　　试分析如何编写热处理工艺才能使上述齿轮满足使用要求资讯：1. 钢的整体热处理方法2. 钢的表面淬火方法3. 钢的化学热处理方法		
资料查询情况					

完成任务 小拓展	机床主轴箱等中速、中载、无猛烈冲击齿轮的热处理要求为：调质或正火，感应加热表面淬火，低温回火，时效

某些在冲击、交变和摩擦等动载荷条件下工作的机械零件，如齿轮、曲轴、凸轮轴、活塞销等汽车、拖拉机和机床零件，要求表面具有高的强度、硬度、耐磨性和疲劳强度，而心部则要有足够的塑性和韧性，如果仅从选材和普通热处理工艺来满足要求是很困难的，而表面强化处理则是能满足要求的合理选择。

1　钢的表面淬火

表面淬火是指仅对工件表层进行淬火的工艺，具体做法是将工件快速加热到淬火温度，然后迅速冷却使表层获得淬火马氏体组织，一般包括感应淬火、火焰淬火和激光淬火等。表面淬火可使工件表层得到硬度很高的淬火马氏体，而心部仍为韧性良好的原始组织。

生产中应用最广泛的是感应加热表面淬火和火焰加热表面淬火。

1.1　感应加热表面淬火

（1）感应加热表面淬火的原理和工艺。

感应加热表面淬火是利用感应电流通过工件所产生的热效应，使工件表面、局部或整体加热并进行快速冷却的淬火工艺，如图 4-1 所示。当感应线圈通入交流电时，感应线圈内的工件在交变磁场的作用下产生与感应线圈内电流频率相同、方向相反的感应电流。这个电流沿工件表面形成封闭回路，称为涡流。此涡流将电能转化为热能，使工件加热。涡流在被加热工件中的分布由表面至心部呈指数规律衰减。涡流在工件内分布不均匀，主要集中于工件的表层面，工件心部几乎没有电流通过，这种现象称为集肤效应。感应加热就是利用集肤效应，依靠电流热效应把工件表面迅速加热到淬火温度。感应线圈用紫铜管制造，内通冷却水。当工件表面在感应线圈内加热到相变温度时，立即喷水冷却，实现表面淬火。

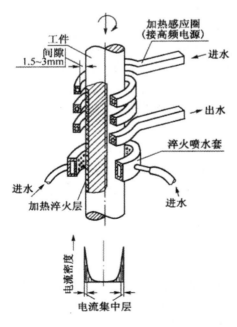

图 4-1　感应加热表面淬火示意图

（2）感应加热表面淬火的特点。

● 加热速度快，一般只需要几秒至几十秒就能达到淬火温度。过热度大，珠光体向奥氏体转变时间极短，晶粒不易长大，淬火后组织为细隐针马氏体。表面硬度高，比普通淬火高 2～3HRC，且脆性较低。

- 工件淬火后表层强度高，马氏体转变时产生体积膨胀，会在工件表层产生很大的残余压应力，因此工件具有较高的疲劳强度。
- 因加热速度快，保温时间极短，工件不易氧化和脱碳，故工件变形小，表面质量好。
- 生产效率高，加热温度和淬硬层深度容易控制，便于实现机械化和自动化。

感应淬火也有其缺点：设备较贵，不宜单件和小批量生产，形状复杂零件的感应器不易制造。

1.2 火焰加热表面淬火

火焰加热表面淬火是指利用氧－乙炔（或其他可燃气）火焰对零件表面进行加热，随之淬火冷却的工艺，如图 4-2 所示。火焰加热表面淬火工件的材料多用中碳钢如 45 钢以及中碳合金结构钢如 45Cr 钢等。如果材料的含碳量太低，则淬火后硬度较低；碳和合金元素含量过高，则易淬裂。火焰加热表面淬火法还可用于对铸铁件，如灰铸铁进行表面淬火。其淬硬层深度一般为 2～8mm，若要获得更深的淬硬层，往往会引起工件表面严重过热，且易产生淬火裂纹。火焰加热表面淬火适用于单件、小批量生产和大型零件的表面淬火。

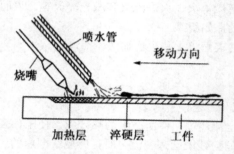

图 4-2　火焰加热表面淬火示意图

2　钢的化学热处理

化学热处理是指将工件置于特定的化学介质中加热保温，使介质中一种或几种元素的原子渗入工件表层，进而改变其性能的热处理工艺。化学热处理的基本过程是：加热时化学介质中的化合物发生分解并释放出待渗元素的活性原子；活性原子被钢件表面吸收和溶解并与钢中某些元素形成化合物；溶入的元素原子由表面向内部扩散，形成一定的扩散层。在一定的保温温度下，通过控制保温时间可控制扩散层深度。

化学热处理的种类很多，如渗碳和碳氮共渗可提高钢表面硬度、耐磨性及抗疲劳性能；渗氮和渗硼可显著提高表面耐磨性和耐腐蚀性；渗铝可提高钢的高温抗氧化能力；渗硫可降低摩擦系数，提高耐磨性；渗硅可提高钢件在酸性介质中的耐腐蚀性等。目前常用的化学热处理有渗碳、渗氮、碳氮共渗等。

2.1 钢的渗碳

渗碳是指向钢的表面渗入碳原子的过程。渗碳的最终目的是提高工件表层硬度、耐磨性和抗疲劳性，并使心部具有良好的塑性和韧性。它主要用于对耐磨性要求比较高、同时承受较大冲击载荷的零件，如齿轮、套筒及摩擦片等。

渗碳方法主要有固体渗碳、气体渗碳两种。

（1）固体渗碳法。

固体渗碳法是指将工件埋入以木炭为主的渗剂中，装箱密封后在高温下加热至 900℃～950℃保温、渗碳的一种方法，如图 4-3 所示。在木炭颗粒渗碳剂（如 $BaCO_3$ 或 Na_2CO_3）的作用下，发生以下反应：

$$2C + O_2 \rightarrow 2CO$$
$$BaCO_3 + C \rightarrow 2CO + BaO$$
$$2CO \rightarrow [C] + CO_2$$

产生的活性碳原子[C]被钢件表面吸收达到渗碳效果。

固体渗碳的优点是操作简单、设备费用低、大小零件都可用；缺点是渗速慢、效率低、劳动条件差，不宜直接淬火。

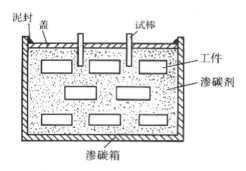

图 4-3　固体渗碳装箱示意图

（2）气体渗碳法。

气体渗碳法是指将工件放入密封的渗碳炉内，加热到 900℃～950℃，向炉内滴入有机液体（如煤油、甲醇、丙酮等）使之分解，如图 4-4 所示。有机液体在高温下发生下列反应生成活性碳原子：

$$CH_4 \rightarrow [C] + 2H_2$$
$$2CO \rightarrow [C] + CO_2$$
$$CO + H_2 \rightarrow C + H_2O$$

生成的活性碳原子[C]渗入钢件表面，由于高温奥氏体溶碳能力强，[C]向内部扩散形成渗碳层。

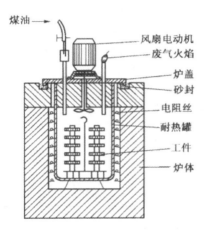

图 4-4　气体渗碳法示意图

气体渗碳法的优点是生产效率高、渗层质量好、劳动条件好，便于直接淬火；缺点是渗碳层含碳量不宜控制、耗电量大。

2.2　钢的渗氮（氮化）

渗氮是指在一定温度的介质中使氮原子渗入工件表层的化学热处理，其目的是提高表面硬度、耐磨性、疲劳强度、耐热性和耐腐蚀性。

常用的渗氮方法有气体渗氮和离子渗氮。

（1）气体渗氮。

气体渗氮是目前运用最广泛的渗氮方法，它是利用氨加热分解出的活性氮原子（$2NH_3 \rightarrow 3H_2 + 2[N]$）被钢的表层吸收并向内扩散，形成渗氮层。氮原子的渗入使渗氮层内形成残留压应力，可提高疲劳强度；渗氮层表面由致密的、连续的氮化物组成，使工件具有很高的耐腐蚀性；渗氮温度低，工件变形小。

渗氮前零件须经调质处理，获得回火索氏体组织，以提高心部性能。对于形状复杂或精度要求较高的零件，在渗氮前精加工后还要进行消除应力的退火，以减小渗氮时的变形。

气体渗氮主要用于耐磨性和精度要求很高的精密零件或承受交变载荷的重要零件，以及要求耐热、耐腐蚀、耐磨的零件，如镗床主轴、高速精密齿轮、阀门和压铸模等。

（2）离子渗氮。离子渗氮的基本原理是在低真空小的直流电场作用下，迫使电离的氮原子高速冲击作为阴极的工件，并使其渗入工件表面。

离子渗氮的特点是渗氮速度快，时间短；渗氮层质量好，脆性小，工件变形小；省电无公害，操作条件好；对材料适应性强，如碳钢、合金钢、铸铁等均可进行离子渗氮。但对形状复杂或截面相差悬殊的零件，渗氮后很难同时达到相同的硬度和渗氮层深度，设备复杂、操作要求严格。

与渗碳相比，渗氮的特点是：

- 渗氮件表面硬度高、耐磨性好，具有较高的热硬性。
- 渗氮件疲劳强度高。这是由于渗氮后表层体积增大，产生压应力。
- 渗氮件变形小。这是由于渗氮温度低，而且渗氮后不再进行热处理。
- 渗氮件耐腐蚀性好。这是由于渗氮后表层形成一层致密的化学稳定性高的 ε 相。

由于渗氮工艺复杂、成本高、渗氮层薄，因此主要用于耐磨性及精度均要求很高的零件，或用于要求耐热、耐磨及耐腐蚀的零件。

2.3　钢的碳氮共渗

碳氮共渗是指同时向工件表面渗入碳原子和氮原子的化学热处理工艺，也称之为氰化。其主要目的是提高工件表面的硬度和耐磨性。氰化主要有液体氰化和气体氰化两种。液体氰化有毒，很少应用。气体氰化又分为高温和低温两种。

低温气体氰化又称气体软氮化，其实质就是渗氮为主的化学热处理工艺。其共渗温度为 540℃～570℃，但一般比其他渗氮处理时间短，一般为 2～4h。软氮化层较薄，仅为 0.01～0.02mm。

高温气体氰化是向井式气体渗碳炉中同时滴入煤油和通入氨气，在共渗温度下（820℃～860℃），煤油与氨气以及渗氮气体中的 CH_4、CO 与氨气发生反应生成活性碳原子、氮原子。

碳氮共渗后要进行淬火、低温回火。共渗层表面组织为回火马氏体、粒状碳氮化合物和少量残余奥氏体。渗层深度一般为 0.3～0.8mm。气体碳氮共渗用钢大多数为低碳或中碳的碳钢及合金。

高温气体碳氮共渗与渗碳相比，具有温度低、时间短、变形小、硬度高、耐磨性好、生产效率高等优点，主要用于机床和汽车上的齿轮、蜗轮、蜗杆和活塞销等零件。

为便于了解表面淬火、渗碳、渗氮及碳氮共渗这四种化学热处理工艺的特点和性能，现对它们进行比较，如表 4-1 所示。

表 4-1　表面淬火、渗碳、渗氮及碳氮共渗化学热处理工艺比较

工艺方法	表面淬火	渗碳	渗氮	碳氮共渗
工艺过程	表面加热+低温回火	渗碳+淬火+低温回火	渗氮	碳氮共渗+淬火+低温回火
生产周期	很短，几秒到几分	长，3～9h	很长，20～50h	短，1～2h
硬化层深度/mm	0.5～7	0.5～2	0.3～0.5	0.2～0.5
硬度/HRC	58～63	58～63	65～70（1000～1100HV）	58～63
耐磨性	较好	良好	最好	良好
疲劳强度	良好	较好	最好	良好
耐腐蚀性	一般	一般	最好	较好
热处理后变形	较小	较大	最小	较小
应用举例	机床齿轮、曲轴	汽车齿轮、爪形离合器	油泵齿轮、制动器凸轮	精密机床主轴、丝杠

任务实施

表面淬火与化学热处理任务实施表

情　境					
学习任务			完成时间		
任务完成人	学习小组		组长	成员	
完成情境任务 所需的知识点					
情境任务实施 的结果					

子学习情境 4.2　电镀

情境导入

铁碳相图工作任务单

情　　境	钢的表面处理				
学习任务	子学习情境 4.2：电镀			**完成时间**	
任务完成	学习小组		组长	成员	
任务要求	掌握电镀的原理、分类、质量影响因素				
任务载体和资讯	门把手 自行车轮毂			**任务描述** 　　生活中我们见到的门把手、自行车轮毂、手机壳等物品都经过电镀处理 　　请说明电镀工艺的基本原理及其使用目的 资讯： 1. 电镀的基本原理 2. 镀层的分类 3. 影响电镀层质量的因素		
资料查询情况					
完成任务小拓展	电镀前处理方法之一为超声波清洗，其作用是粗除油，利用振动产生的小气泡将凹坑与弯角内油污带出清洗				

知识链接

1　电镀的概念和基本原理

　　电镀是将被镀金属工件作为阴极，外加直流电，使金属盐溶液的阳离子在工件表面上沉积形成电镀层。因此电镀实质上是一种电解过程，且阴极上析出物质的质量与电流强度、时间成正比。如图 4-5 所示为工件镀铜原理图。

　　电镀的目的是为了改善材料外观，提高材料的各种物理化学性能，赋予材料表面特殊的耐蚀性、耐磨性、装饰性、焊接性及电学、磁学、光学性能等，其镀层厚度一般为几微米到几十微米。

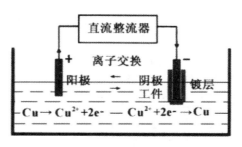

图 4-5　电镀原理

2　镀层的分类

镀层种类很多，按使用性能可分为防护性镀层、防护－装饰性镀层、装饰性镀层、耐磨和减磨镀层、电性能镀层、磁性能镀层、可焊性镀层、耐热镀层、修复用镀层；按镀层与基体金属之间的电化学性质可分为阳极性镀层和阴极性镀层；按镀层的组合形式可分为单层镀层、多层金属镀层、复合镀层；按镀层成分可分为单一金属镀层、合金镀层及复合镀层。

3　影响电镀层质量的因素

（1）电镀层的质量体现于它的物理化学性能、力学性能、组织特征、表面特征、孔隙率、结合力和残余内应力等方面。

（2）除了镀层金属的个性外，还受到镀液、电镀规范、基体金属及前处理工艺等的影响。

电镀工艺设备较简单，操作条件易于控制，镀层材料广泛（如铬、镍、铜、铁、锌等），成本较低，因而在工业中广泛应用，是材料表面处理的重要方法。

电镀任务实施表

情　境						
学习任务					完成时间	
任务完成人	学习小组		组长		成员	
完成情境任务 所需的知识点						
情境任务实施 的结果						

子学习情境 4.3　钢铁氧化、磷化与镀层钝化

铁碳相图工作任务单

情　　境	钢的表面处理				
学习任务	子学习情境 4.3：钢铁氧化、磷化与镀层钝化			完成时间	
任务完成	学习小组		组长	成员	
任务要求	掌握钢铁氧化、磷化与镀层钝化的原理和目的				
任务载体和资讯	高强螺栓			紧固件贯穿使用在各种设备设施上，对于紧固件的使用，我们常见的问题就是生锈了，难以卸载，拧不动了 　试问，为防止紧固件表面生锈，我们应该怎样处理 资讯： 1. 钢铁的氧化处理 2. 钢铁的磷化处理 3. 钢铁的钝化处理		
资料查询情况					
完成任务小拓展	紧固件表面处理常用方法：电镀锌、磷化、氧化（发黑）、电镀镉、电镀铬、镀银、镀镍、镀锌（热浸锌和渗锌）、渗锌、达克罗、其他涂层等				

　　生产中为了对工件表面进行有效的保护，防止锈蚀，常用氧化、钝化、磷化、蒸气处理等方法，使工件表面形成一层均匀致密的薄膜，以提高工件表面的防锈蚀性能及减摩性能，并提高工件的美观性。本节主要介绍金属的氧化处理、磷化处理和钝化处理三种化学处理方法。

1　钢铁的氧化处理

　　把钢铁放在沸腾的含浓碱（氢氧化钠）和氧化剂（亚硝酸钠或硝酸钠）的溶液中加热，使其表面形成一层均匀致密、厚约 0.5～1.5μm、与金属基体牢固结合、有一定防腐能力的氧化膜的过程叫钢铁的氧化处理。因为钢铁的氧化膜具有深黑蓝色，所以又称发蓝处理或煮黑。膜的颜色视材料及发蓝条件，有灰黑或富有装饰性的深黑或蓝黑色。发蓝时，零件尺寸和光洁程度不受显著影响，不产生氢脆，而且在氧化处理过程中能消除内应力，因而，在精密仪器、仪表、工具和兵器等的生产中得到了广泛的应用。它们既可以防止金属腐蚀和机械磨损，又可作为装饰性加工。

　　钢铁发蓝的基本原理是：钢铁零件在发蓝槽中加热时，零件表面先受到氢氧化钠的微腐蚀作用，析出铁离

子，铁离子与 NaOH（火碱）、$NaNO_2$（亚硝酸钠）或 $NaNO_3$（硝酸钠）反应，生成 Na_2FeO_2（亚铁酸钠）及 $Na_2Fe_2O_4$（铁酸钠），两者进一步反应，生成四氧化三铁氧化膜。随着铁的溶解和 Fe_3O_4 晶核的逐渐长大，最终形成一层连续的氧化膜，将工件表面完全覆盖。其化学反应式如下：

$$3Fe + NaNO_2 + 5NaOH \rightarrow 3Na_2FeO_2 + H_2O + NH_3 \uparrow$$

$$6Na_2FeO_2 + NaOH_2 + 5H_2O \rightarrow 3Na_2Fe_2O_4 + 7NaOH + NH_3 \uparrow$$

$$Na_2FeO_2 + Na_2Fe_2O_4 + 2H_2O \rightarrow Fe_3O_4 + 4NaOH$$

随着氧化膜厚度的增加，膜的颜色由浅变深，其顺序是：无色→黄色→橙色→红色→紫红色→紫色→蓝色→黑色。

为了提高氧化膜的抗蚀能力，在氧化处理后还需将零件浸入肥皂或重铬酸钾溶液里进行填充处理，使氧化膜松孔填充或钝化，然后用机油浸泡。

钢铁工件发蓝的一般工艺流程如下：

装网夹→除油→除锈→清洗（热水）→清洗（流动冷水）→浸蚀→清洗（流水）→氧化→清洗（回收槽中）→清洗（流水）→浸渍（填充处理，30～50g/L 皂液，80℃～90℃，2min）→清洗（热水）→干燥→检验→上油（浸油）。

2　磷化处理

将钢铁零件浸入磷酸盐溶液中，在其表面形成一层不溶于水的磷酸盐薄膜，这种表面处理方法叫磷化处理，简称磷化。

钢件经磷化后，其表面形成一层 5～15μm 厚的磷酸盐膜，俗称磷化膜。这种磷化膜为多孔的晶体结构，它能使基体表面层的吸附性、抗蚀性、减摩性得到改善。

磷化处理不影响钢件的抗拉强度、延伸率、弹性、磁性，但会使工件的疲劳强度略有下降（最高可达 14%）。由于磷化膜的形成伴随着铁的溶解，零件的尺寸基本不变。

磷化膜的缺点是：硬度低、性脆，其表面不及电镀与发蓝美观。在酸、碱、海水、氨气及蒸气等介质中抗蚀能力很低。但由于磷化处理所用设备简单，操作方便、生产率高、成本低，所以，在机械制造工业和国防工业中得到广泛应用。

磷化处理按磷化液主盐成分可分为锰盐磷化、锌盐磷化、锌—钙磷化等，现以锰盐磷化为例介绍。锰盐磷化溶液的配方及工艺规范如下：

马日夫盐（磷酸锰铁盐）	$nFe(H_2PO_4)_2 \cdot mMn(H_2PO_4)_2$	30～35g/L
硝酸锌	$Zn(NO_3)_2 \cdot 6H_2O$	80～100g/L
溶液温度		50～70℃
磷化时间		10～15min

磷化时主要化学反应如下：

磷酸锰铁盐在水中分解，生成磷酸：$3Me(H_2PO_4)_2 \rightarrow Me_3(PO_4)_2 + 4H_3PO_4$

磷酸与金属铁相互作用，铁开始溶解，并析出大量氢气：

$$Fe + 2H_3PO_4 \rightarrow Fe(H_2PO_4)_2 + H_2 \uparrow$$

$$Fe + Fe(H_2PO_4)_2 \rightarrow 2FeHPO_4 + H_2 \uparrow$$

$$Fe + 2FeHPO_4 \rightarrow Fe_3(PO_4)_2 + H_2 \uparrow$$

在零件与溶液的接触面上，磷酸铁盐和磷酸氢铁盐的浓度不断增加，当它们达到饱和后，即开始沉积在金属表面上，生成不溶于水的复合磷酸盐的膜，即磷化膜。随着磷化膜的增厚，溶液与金属隔开，反应逐渐缓慢，氢气析出逐渐减少。因此，根据磷化槽中析出氢气泡的多少，可以判断磷化膜生成过程是否完结。

磷化膜具有微孔，为了提高磷化膜的抗蚀能力，磷化后最好再做补充处理，即将零件经水洗后，放入温度为 80℃～95℃的含 0.2%～0.4%的 Na_2CO_3 和 3%～5%的 $K_2Cr_2O_7$ 的混合溶液中处理 10～15 分钟，或是浸入温度为 80℃以上的 3%～5%肥皂水溶液中处理 3～4 分钟，于是磷化膜的微孔得到封闭，增强膜的抗蚀能力。

由于磷化膜与基体结合牢固，而且多孔，油漆、润滑油可以渗入到这些孔隙中，故磷化膜广泛作为钢铁制品油漆涂层的底层和冷变形加工过程中的减摩层，也用于零件的防锈。

3　钝化处理

钝化处理是指经阳极氧化或化学氧化方法等处理后的金属零件由活泼状态转变为不活泼状态（钝态）的过程，简称为钝化。由于钝化后的金属零件表面形成一层紧密的氧化物保护薄膜，因而不易腐蚀。所以，钝化也往往用作电镀后的处理过程之一。如对锌、镉、铜、银等金属镀层，在含有强氧化剂（如铬酐）的溶液中进行化学或电化学处理，在其表面形成一层组织致密的氧化物保护薄膜，使金属的溶解速度比活化状态下小得多，从而使金属具有良好的耐蚀性。

因此，钝化处理的目的是：提高金属镀层的抗腐蚀能力，如锌层钝化后，抗腐蚀能力一般可提高 5 倍以上。此外，钝化处理还能使镀层美观光亮，提高工件的装饰效果。

不同镀层钝化膜的组成是不同的，一般钝化使用铬酸或重铬酸盐来处理，其钝化膜的组成都是铬的化合物。

镀锌及镀铬层的钝化处理方法主要有以下几种：以铬酸、硫酸、硝酸组成的彩虹色钝化，以铬酸、磷酸、硫酸、硝酸和盐酸组成的草绿色钝化和钝化后除膜的白色钝化等。此外，还有近年来发展起来的污染较小的低铬酸钝化。其中以彩虹色钝化使用最为广泛。

镀铜层钝化处理方法有化学方法和电化学法两种（如表 4-2 所示），其目的是防止镀铜层氧化变色，适用于镀铜后不再镀覆其他镀层或在镀铜后涂覆有机涂膜的工件。

表 4-2　镀铜层的钝化处理方法

方法	组成	配方	方法	组成	配方
化学法	铬酐	80～100g/L	电化学法	重铬酸钠	70～80g/L
	硫酸	25～35g/L		PH（用冰醋酸调）	2.5～3
	氯化钠	1.5～2g/L		电流密度	0.1～0.2A/dm^2
	温度	室温		温度	室温
	时间	2～3min		时间	2～10min

镀银层则往往采用化学钝化或电化学钝化法钝化。

 **任务实施**

钢铁氧化、磷化与镀层钝化任务实施表

情　　境					
学习任务				完成时间	
任务完成人	学习小组		组长	成员	
完成情境任务 所需的知识点					
情境任务实施 的结果					

学习情境 5 金属材质检验

 **学习目标**

知识目标：掌握金属材料的力学性能对金属工艺性能的影响，为后续课程理论知识的学习做好准备。

能力目标：金属材料由于具有许多良好的性能，在机械制造业中广泛地用于制造生产和生活用品。为了能够合理地选用金属材料，设计、制造出具有竞争力的产品，必须了解和掌握金属材料的性能。

素质目标：养成严谨细致、一丝不苟的工作作风；培养学生的自信心、竞争意识和效率意识；培养学生的爱岗敬业、诚实守信、服务群众、奉献社会等职业道德。

子学习情境 5.1 金属的力学性能

情境导入

金属的力学性能工作任务单

情　　境	金属材质检验					
学习任务	子学习情境 5.1：金属的力学性能				完成时间	
任务完成	学习小组		组长		成员	
任务要求	掌握并理解金属材料力学性能指标					
任务载体和资讯	 金属的拉伸试验				**任务描述** 　　金属的抗拉强度和塑性是通过拉伸试验测定的。拉伸试验的方法是将一定形状和尺寸的被测金属试样装夹在拉伸试验机上，缓慢施加轴向拉伸载荷，同时连续测量力和相应的伸长量，直至试样断裂，根据测得的数据，即可计算出有关的力学性能；在国家标准中，对拉伸试样的形状、尺寸及加工要求均有明确的规定，通常采用圆柱形拉伸试样。根据作用形式不同，载荷还可以分为哪几类		

	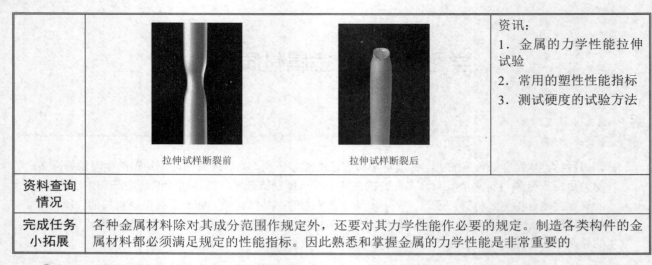	资讯： 1．金属的力学性能拉伸试验 2．常用的塑性性能指标 3．测试硬度的试验方法
	拉伸试样断裂前　　　　拉伸试样断裂后	
资料查询 情况		
完成任务 小拓展	各种金属材料除对其成分范围作规定外，还要对其力学性能作必要的规定。制造各类构件的金属材料都必须满足规定的性能指标。因此熟悉和掌握金属的力学性能是非常重要的	

 **知识链接**

　　金属的力学性能是指金属在力的作用下所显示的与弹性和非弹性反应相关或涉及应力—应变关系的性能。弹性是指物体在外力作用下改变其形状和尺寸，当外力卸除后物体又恢复到其原始形状和尺寸的特性。应力是指物体受外力作用后所导致物体内部之间相互作用的力（称为内力）与截面积的比值。应变是指由外力所引起的物体原始尺寸或形状的相对变化，通常以百分数（%）表示。

　　金属的力学性能是设计和制造机械零件或工具的主要依据，也是评定金属材料质量的重要判据。各种金属材料除对其成分范围进行规定外，还要对其力学性能进行必要的规定。制造各类构件的金属材料都必须满足规定的性能指标。因此熟悉和掌握金属的力学性能是非常重要的。金属受力的性质不同，将表现出各种不同的行为，显示出各种不同的力学性能。金属的力学性能主要有强度、塑性、冲击韧度、硬度和疲劳强度等。

1　强度

　　金属材料在加工及使用过程中所受的外力称为载荷。载荷根据作用性质的不同，可以分为静载荷、冲击载荷及循环载荷三种。静载荷是指大小不变或变化过程缓慢的载荷。金属在静载荷作用下，抵抗塑性变形或断裂的能力称为强度。由于载荷的作用方式有拉伸、压缩、弯曲、剪切、扭转等形式，所以强度也分为抗拉强度、抗压强度、抗弯强度、抗剪强度和抗扭强度 5 种。一般情况下多以抗拉强度作为判别金属强度高低的依据。

　　金属的抗拉强度和塑性是通过拉伸试验测定的。拉伸试验的方法是将一定形状和尺寸的被测金属试样装夹在拉伸试验机上，缓慢施加轴向拉伸载荷，同时连续测量力和相应的伸长量，直至试样断裂，根据测得的数据，即可计算出有关的力学性能。

1.1　拉伸试样

　　在国家标准中，对拉伸试样的形状、尺寸及加工要求均有明确的规定，通常采用圆柱形拉伸试样，如图 5-1 所示。

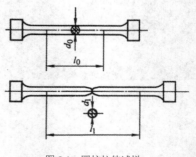

图 5-1　圆柱拉伸试样

图中 d_0 为标准试样的原始直径，l_0 为标准试样的原始标距长度。根据标距长度与直径之间的关系，拉伸试样可分为长试样（$l_0=10d_0$）和短试样（$l_0=5d_0$）两种。

1.2　力－伸长曲线

力－伸长曲线是指拉伸试验中记录的拉伸力 F 与试样伸长量 Δl 之间的关系曲线，一般由拉伸试验机自动绘出。图 5-2 为低碳钢试样的力－伸长曲线，图中纵坐标表示力 F，单位为 N；横坐标表示试样伸长量 Δl，单位为 mm。

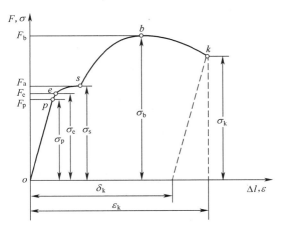

图 5-2　低碳钢试样的力－伸长曲线

观察力－伸长曲线，可发现其明显地表现出下面几个变形阶段：

（1）op——弹性变形阶段。在力－伸长曲线图中，op 段为一斜直线，说明在该阶段试样的伸长量 Δl 与拉伸力 F 之间成正比例关系，当拉伸力 F 增加时，试样的伸长量随之增加，去除拉伸力后试样完全恢复到原始的形状及尺寸，表现为弹性变形。F_e 为试样保持完全弹性变形的最大拉伸力。

（2）ps——屈服阶段。当拉伸力不断增加，超过 F_e 再卸载时，弹性变形消失，一部分变形被保留下来，即试样不能恢复原来的形状及尺寸，这种不能随拉伸力的去除而消失的变形称为塑性变形。当拉伸力继续增加到 F_s 时，力－伸长曲线出现平台，说明在拉伸力基本不变的情况下，试样的伸长量继续增加，这种现象称为屈服。F_s 称为屈服拉伸力。

（3）sb——冷变形强化阶段。屈服后，试样开始出现明显的塑性变形。随着塑性变形量的增加，试样抵抗变形的能力逐渐增加，这种现象称为冷变形强化，在力－伸长曲线上表现为一段上升曲线，该阶段试样的变形是均匀发生的。F_b 为试样拉断前能承受的最大拉伸力。

（4）bk——缩颈与断裂阶段。当拉伸力达到 F_b 时，试样上某个部位的截面发生局部收缩，产生"缩颈"现象。由于缩颈使试样局部截面减小，试样变形所需的拉伸力也随之降低，这时变形主要集中在缩颈部位，最终试样被拉断。缩颈现象在力－伸长曲线上表现为一段下降的曲线。

1.3　强度指标

（1）屈服点。在拉伸试验过程中，拉伸力不增加（保持恒定），试样仍然能继续伸长（变形）时的应力称为屈服点，用符号 σ_s 表示，单位为 MPa，计算公式为：

$$\sigma_s = \frac{F_s}{S_0}$$

式中：F_s——试样屈服时所承受的拉伸力，单位为 N；

S_0——试样原始横截面面积，单位为 mm^2。

（2）抗拉强度。试样在拉断前所承受的最大应力称为抗拉强度，用符号 σ_b 表示，单位为 MPa。计算公式为：

$$\sigma_b = \frac{F_b}{S_0}$$

式中：F_b——试样拉断前所承受的最大拉伸力，单位为 N；

　　　S_0——试样原始横截面面积，单位为 mm²。

零件在工作中所承受的应力不应超过抗拉强度，否则会导致断裂。σ_b 也是机械零件设计和选材的依据，是评定金属材料性能的重要参数。

2　塑性

塑性是指金属材料在断裂前产生塑性变形的能力，通常用伸长率和断面收缩率表示。

2.1　伸长率

试样拉断后，标距的伸长量与原始标距的百分比称为伸长率，用符号 δ 表示。δ 值可用下式计算：

$$\delta = \frac{l_1 - l_0}{l_0} \times 100\%$$

式中：l_1——拉断试样对接后测出的标距长度，单位为 mm；

　　　l_0——试样原始标距长度，单位为 mm。

必须说明，同一材料的试样长短不同，测得的伸长率数值是不相等的。长试样和短试样的伸长率分别用符号 δ_{10} 和 δ_5 表示，习惯上 δ_{10} 也写成 δ。

2.2　断面收缩率

试样拉断后，缩颈处横截面面积的最大缩减量与原始横截面积的百分比称为断面收缩率，用符号 Ψ 表示。Ψ 值可用下式计算：

$$\Psi = \frac{S_0 - S_1}{S_0} \times 100\%$$

式中：S_0——试样原始横截面面积，单位为 mm²；

　　　S_1——试样拉断后缩颈处最小横截面面积，单位为 mm²。

金属材料的伸长率和断面收缩率数值越大，说明其塑性越好。塑性直接影响到零件的成形加工及使用。例如，低碳钢的塑性好，能通过锻压加工成形，而灰铸铁塑性差，不能进行压力加工。塑性好的材料，在受力过大时，首先产生塑性变形而不致发生突然断裂，所以大多数机械零件除要求具有较高的强度外，还必须具有一定的塑性。

3　硬度

硬度是衡量金属软硬程度的一种性能指标，是指金属抵抗局部变形，特别是塑性变形、压痕或划痕的能力。

硬度是各种零件和工具必须具备的力学性能指标。机械制造业中所用的刀具、量具、模具等都应具备足够的硬度，才能保证使用性能和使用寿命。有些机械零件如齿轮、曲轴等，也要求具有一定的硬度，以保证足够的耐磨性和使用寿命。因此，硬度是金属材料重要的力学性能之一。

硬度是一项综合力学性能指标，其数值可以间接地反映金属的强度及金属在化学成分、显微组织和各种加工工艺上的差异。与拉伸试验相比，硬度试验简便易行，而且可以直接在工件上进行试验，并不破坏工件，因而在生产中被广泛应用。

测试硬度的方法很多，最常用的有布氏硬度试验法、洛氏硬度试验法和维氏硬度试验法三种。

3.1　布氏硬度

（1）试验原理。使用一定直径的硬质合金球，以规定的试验力压入试样表面，经规定的保持时间后，去除试验力，测量试样表面的压痕直径，然后计算其硬度值，如图 5-3 所示。

布氏硬度值是指球面压痕单位表面积上所承受的平均压力，用符号 HBW 表示。布氏硬度值可用下式计算：

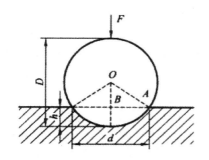

图 5-3　布氏硬度试验原理图

$$HBW = \frac{F}{S} = 0.102 \times \frac{2F}{\pi D (D - \sqrt{D^2 - d^2})}$$

式中：F——试验力，单位为 N；

　　　S——球面压痕表面积，单位为 mm²；

　　　D——球体直径，单位为 mm；

　　　d——压痕平均直径，单位为 mm。

从计算公式中可以看出，当试验力 F 和压头球体直径 D 一定时，布氏硬度值仅与压痕直径 d 的大小有关，因此试验时只要测量出压痕直径 d，就可以通过计算或查布氏硬度表得到结果。一般布氏硬度值不标出单位，只写明硬度的数值。

布氏硬度试验时，压头球体直径 D、试验力 F 和试验力保持时间应根据被测金属的种类、硬度值范围及试样的厚度进行选择，如表 5-1 所示。

表 5-1　布氏硬度试验的技术条件

材料	布氏硬度	球直径/mm	$0.12F/D^2$	试验力/N	试验力保持时间/s	应用举例
铁金属	≥140	10	30	29420	10	试样厚度应不小于压痕深度的 10 倍。试验后，试样边缘及背面应无可见变形痕迹 压痕中心距试样边缘距离应不小于压痕直径的 2.5 倍 相邻两压痕中心距离应不小于压痕直径的 4 倍
		5		7355		
		2.5		1839		
	<140	10	10	9807	10～15	
		5		2452		
		2.5		613		
非铁金属	≥130	10	30	29420	30	
		5		7355		
		2.5		1839		
	36～130	10	10	9807	30	
		5		2452		
		2.5		613		
	8～35	10	201	2452	60	
		5		613		
		2.5		153		

（2）表示方法。布氏硬度的表示方法是，测定的硬度数值标注在符号 HBW 的前面，符号后面按球体直径、试验力、试验力保持时间（10～15s 不标注）的顺序，用相应的数字表示试验条件。例如：600HBW1/30/20，表示用直径 1mm 的硬质合金球，在 294.2N（按照原单位为 30kg）试验力的作用下保持 20s，测得的布氏硬度值为 600；550HBW5/750，表示用直径 5mm 的硬质合金球，在 7355N（按照原单位为 750kg）试验力的作用下，保持 10～15s 时测得的布氏硬度值为 550。

（3）适用范围及优缺点。布氏硬度主要适用于测定灰铸铁、非铁金属及退火、正火或调质状态的钢材等材料的硬度。

布氏硬度试验时的试验力大、球体直径大，因而获得的压痕直径也大，能在较大范围内反映被测金属的平均硬度，试验结果比较准确。但因压痕较大，所以不宜测量成品件或薄件。

3.2 洛氏硬度

（1）试验原理。洛氏硬度试验是用锥顶角为 120°的金刚石圆锥体或直径为 1.588mm 的淬火钢球作压头，在初试验力和主试验力的先后作用下，压入试样的表面，经规定保持时间后卸载主试验力，在保留初试验力的情况下，根据测量的压痕深度来计算洛氏硬度值，如图 5-4 所示。

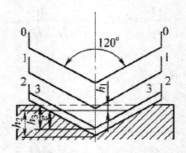

图 5-4 洛氏硬度试验原理图

进行洛氏硬度试验时，先加初试验力 F_0，压头压入试样表面，深度为 h_1，目的是消除因试样表面不平整而造成的误差。然后再加主试验力 F_1，在主试验力的作用下，压头压入深度为 h_2。卸载主试验力，保持初试验力，由于金属弹性变形的恢复，使压头回升到压痕深度为 h_3 的位置，那么由主试验力所引起的塑性变形而使压头压入试样表面的深度 $e=h_3-h_1$，称为残余压痕深度增量。显然，e 值越大，则被测金属的硬度越低。为了符合数值越大，硬度越高的习惯，用一个常数 K 减去 e 来表示硬度值的大小，并以每 0.002mm 压痕深度作为一个硬度单位，由此获得的硬度值称为洛氏硬度，用符号 HR 表示。计算公式为：

$$HR = \frac{K-e}{0.002}$$

式中：K——常数，用金刚石圆锥体压头进行试验时，K 为 0.2mm，用淬火钢球压头进行试验时，K 为 0.26mm；

e——残余压痕深度增量，单位为 mm。

（2）常用洛氏硬度标尺及其适用范围。由于试验时选用的压头和总试验力的不同，洛氏硬度的测量尺度也就不同，常用的洛氏硬度标尺有 A、B、C 三种，其中 C 标尺应用较为广泛。三种洛氏硬度标尺的试验规范和应用范围如表 5-2 所示。

表 5-2 常用洛氏硬度的试验条件和应用范围

标尺	硬度符号	压头	初试验力/N	主试验力/N	总试验力/N	测量范围	应用举例
A	HRA	金刚石圆锥	98.1	490.3	588.4	70～85	硬质合金、表面淬火层、渗碳层等
B	HRB	钢球	98.1	882.6	980.7	25～100	退火或正火钢、非铁金属等
C	HRC	金刚石圆锥	98.1	1373	1471.1	20～67	调质钢、淬火钢等

（3）优缺点。洛氏硬度试验压痕较小，对试样表面损伤小，可用来测定成品、半成品或较薄工件的硬度试验，操作简便，可直接从刻度盘上读出硬度值；由于采用不同的硬度标尺，洛氏硬度的测试范围大，能测量从极软到极硬各种金属的硬度。但是，由于压痕小，当材料的内部组织不均匀时，硬度数值波动较大，不能反映被测金属的平均硬度，因此，在进行洛氏硬度试验时，需要在不同部位测试数次，取其平均值来表示被测金属的硬度。

3.3 维氏硬度

维氏硬度的试验原理如图 5-5 所示。

将相对面夹角为 136° 的金刚石正四棱锥体压头按选定试验力压入试样表面，经规定保持时间后卸载试验力，在试样表面形成一个正四棱锥形压痕，测量压痕两对角线的平均长度，计算压痕单位表面积上承受的平均压力，以此作为被测金属的硬度值，称为维氏硬度，用符号 HV 来表示。维氏硬度可用下式计算：

$$HV = 0.1891 \times \frac{F}{d^2}$$

式中：F——试验力，单位为 N；

　　　d——压痕两对角线长度的算术平均值，单位为 mm。

试验时，维氏硬度值同布氏硬度值一样，也可根据测得的压痕对角线平均长度，从表中直接查出。

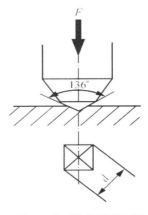

图 5-5　维氏硬度试验原理图

维氏硬度试验所用的试验力可根据试样的大小、厚薄等条件进行选择，常用试验力的大小在 49.03～980.7N 范围内。

维氏硬度的表示方法与布氏硬度相同，硬度数值写在符号的前面，试验条件写在符号的后面。对于钢及铸铁，当试验力保持时间为 10～15s 时，可以不标出。例如 ：642HV30 表示用 294.2N 试验力保持 10～15s 测定的维氏硬度值为 642。

由于维氏硬度试验时所加试验力较小，压痕深度较浅，故可测量较薄工件的硬度，尤其适用于零件表面层硬度的测量，如化学热处理的渗层硬度测量，其结果精确可靠。因维氏硬度值具有连续性，范围在 5～1000HV 内，所以适用范围广，可测定从极软到极硬各种金属的硬度。但维氏硬度试验操作比较缓慢，而且对试样的表面质量要求较高。

4　冲击韧度

强度、塑性、硬度等力学性能指标是在静载荷作用下测定的，而许多零件和工具在工作过程中，往往受到冲击载荷的作用，如冲床的冲头、锻锤的锤杆、风动工具等。冲击载荷是指在短时间内以很大速度作用于零件或工具上的载荷。对于承受冲击载荷作用的零件，除具有足够的静载荷作用下的力学性能指标外，还必须具有足够的抵抗冲击载荷的能力。

金属材料在冲击载荷作用下抵抗破坏的能力称为冲击韧度。为了测定金属的冲击韧度，通常要进行夏比冲击试验。

4.1　试验原理

夏比冲击试验是在摆锤式冲击试验机上进行的，利用的是能量守恒原理。试验时，将被测金属的冲击试样放在冲击试验机的支座上，缺口应背对摆锤的冲击方向，如图 5-6 所示。将重量为 G 的摆锤升高到 h_1 高度，使其具有一定的势能 Gh_1，然后让摆锤自由落下，将试样冲断，并继续向另一方向升高到 h_2 高度，此时摆锤具有的剩余势能为 Gh_2。摆锤冲断试样所消耗的势能即是摆锤冲击试样所做的功，称为冲击吸收功，用符号 A_k 表示。其计算公式为：

$$A_k = G(h_1 - h_2)$$

试验时，A_k 值可直接从试验机的刻度盘上读出。A_k 值的大小就代表了被测金属韧性的高低，但习惯上采用冲击韧度来表示金属的韧性。冲击吸收功 A_k 除以试样缺口处的横截面面积 S_0，即可得到被测金属的冲击韧度，用符号 a_k 表示。其计算公式为：

$$a_k = \frac{A_k}{S_0}$$

式中：a_k——冲击韧度，单位为 J/cm²；

　　　A_k——冲击吸收功，单位为 J；

S_0——试样缺口处横截面面积，单位为 cm^2。

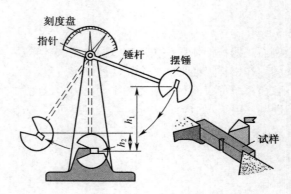

图 5-6　夏比冲击试验原理图

一般将 a_k 值低的材料称为脆性材料，a_k 值高的材料称为韧性材料。脆性材料在断裂前无明显的塑性变形，断口比较平整，有金属光泽的韧性材料在断裂前有明显的塑性变形，断口呈纤维状，没有金属光泽。

5　疲劳强度

5.1　疲劳现象

许多机械零件都是在循环载荷的作用下工作的，如曲轴、齿轮、弹簧、各种滚动轴承等。循环载荷是指大小、方向都随时间发生周期性变化的载荷。承受循环载荷作用的零件，在工作过程中，常常在工作应力远低于制作材料的屈服点或屈服强度的情况下，仍然会发生断裂，这种现象称为疲劳。疲劳断裂与静载荷作用下的断裂不同，不管是韧性材料还是脆性材料，疲劳断裂都是突然发生的，事先无明显的塑性变形预兆，故具有很大的危险性。

疲劳断裂是在零件应力集中的局部区域开始发生的，这些区域通常存在着各种缺陷，如划痕、夹杂、软点、显微裂纹等，在循环载荷的反复作用下，产生疲劳裂纹，并随应力循环周次的增加，疲劳裂纹不断扩展，使零件的有效承载面积不断减少，最后达到某一临界尺寸时，发生突然断裂。

5.2　疲劳强度

疲劳断裂是在循环应力作用下，经一定循环周次后发生的。在循环载荷作用下，金属所承受的循环应力 σ 和断裂时相应的应力循环周次 N 之间的关系可以用曲线来描述，这种曲线称为 $\sigma\text{-}N$ 疲劳曲线，如图 5-7 所示。

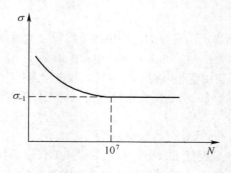

图 5-7　$\sigma\text{-}N$ 疲劳曲线

金属在循环应力作用下能经受无限次循环而不断裂的最大应力值，称为金属的疲劳强度，对应循环应力的疲劳强度用符号 σ_{-1} 表示。显然 σ_{-1} 的数值越大，金属材料抵抗疲劳破坏的能力越强。

实际上，金属材料不可能作无数次循环应力试验，一般都是求疲劳极限，即对应于规定的应力循环基数，试样不发生断裂的最大应力值。对于铁金属，一般规定应力循环基数为 10^7 周次；对于非铁金属，则应力循环基数规定为 10^8 周次。

　　金属的疲劳极限受很多因素的影响，如工作条件、材料成分及组织、零件表面状态等。

　　改善零件的结构形状、降低零件表面粗糙度、采取各种表面强化方法、尽可能减少各种热处理缺陷等都可以提高零件的疲劳极限。

金属的力学性能任务实施表

情　　境					
学习任务				完成时间	
任务完成人	学习小组		组长	成员	
完成情境任务 所需的知识点					
情境任务实施 的结果					

子学习情境 5.2　杂质元素与合金元素对钢性能的影响

情境导入

杂质元素与合金元素对钢性能的影响工作任务单

情　　境	金属材质检验				
学习任务	子学习情境 5.2：杂质元素与合金元素对钢性能的影响			完成时间	
任务完成	学习小组		组长	成员	
任务要求	掌握并理解杂质元素与合金元素对钢性能的影响				
任务载体和资讯	硅锰合金　　　　耐磨钢、硅锰钢板材　　铝矿石　　　　铝合金窗　　钛矿石　　　　钛合金锅			**任务描述** 　　碳钢是由生铁冶炼而获得的合金，除铁、碳两个主要成分外，还含有锰、硅、硫、磷等杂质元素。随着现代工业和科学技术的迅速发展，碳钢已不能完全满足生产的需要，形状复杂工件和大型工件常选用合金钢制造，合金钢的性能为什么比碳钢好 资讯： 1. 常存杂质对钢性能的影响 2. 合金元素对钢性能的影响		
资料查询情况					
完成任务小拓展	与碳钢相比，合金钢的性能有显著的提高，用途更加广泛				

知识链接

　　钢在冶炼时，能够影响钢的质量而又无法完全去除的元素称为杂质元素。为满足某种要求而加入的一些元

素称为合金元素。合金元素的存在对钢的相变、组织及性能有很大的影响，通过合金化，可以提高或改善钢的性能。

1　常存杂质对钢的影响

（1）锰。

锰在钢中作为杂质存在时，其质量分数一般在 0.8% 以下，它主要来源于炼钢的原料生铁及脱氧剂锰铁合金。锰有很好的脱氧能力，能将钢中的 FeO 还原成铁，改善钢的质量；锰还能与硫优先形成 MnS，从而减轻硫的有害作用，降低钢的脆性，改善钢的热加工性能；在室温下，大部分锰溶于铁素体中，起固溶强化作用。锰是一种有益杂质。

（2）硅。

硅在钢中作为杂质存在时，其质量分数一般在 0.4% 以下，它主要来源于生铁及脱氧剂硅铁合金。硅有较强的脱氧能力，能消除 FeO 对钢的不良影响；在室温下，硅能溶入铁素体中，起固溶强化作用，硅也是一种有益杂质。

（3）硫。

硫是由生铁及燃料带入到钢中的杂质。固态下硫在铁中的溶解度极小，一般是以 FeS 形式存于钢中。由于 FeS 塑性很差，故硫的质量分数较大的钢脆性较大；FeS 与 Fe 能形成低熔点（985℃）的共晶体，分布于奥氏体晶界上，当钢加热到约 1200℃ 进行热加工时，晶界上的共晶体熔化，使钢材在热加工过程中沿晶界开裂，这种现象称为热脆。为了消除硫的有害作用，必须增加钢中锰的质量分数。化合物 MnS 的熔点高（1620℃），并呈颗粒状分布，高温下具有一定的塑性，可避免热脆现象的产生。

硫化物是非金属夹杂物，它的存在会降低钢的力学性能，并在轧制过程中形成热加工纤维组织。

通常情况下，硫是有害杂质，在钢中的质量分数必须严格控制。但锰、硫的质量分数较大的钢，能形成较多的 MnS 颗粒，在切削过程中起断屑作用，可改善钢的切削加工性能。

（4）磷。

磷主要来源于生铁。一般情况下，钢中的磷能全部溶入铁素体中，有强烈的固溶强化现象，使钢的强度、硬度有所升高，但塑性、韧性显著降低，这种脆化现象在低温时更为严重，故称为冷脆。

磷能提高韧脆转变温度，这对于在高寒地带或其他低温条件下工作的结构件有严重的危害性。另外，磷的存在容易引起偏析现象，使钢在热轧后出现带状组织。

因此，磷也是一种有害杂质，在钢中的质量分数也要严格限制。但磷的质量分数较大时，使钢的脆性增大，在炮弹用钢及改善切削加工性能方面是有利的。

（5）非金属夹杂物。

在炼钢过程中，少量炉渣、耐火材料、冶炼过程中的一些反应物都可能进入钢中，形成非金属夹杂物，如氧化物、硫化物、硅酸盐及氮化物等。它们的存在会降低钢的性能，特别是降低钢的塑性、韧性和疲劳极限，严重时还会使钢在热加工与热处理过程中产生裂纹，或在使用时发生突然断裂。非金属夹杂物也会促使钢在热加工过程中形成流线和带状组织，造成钢材性能具有方向性。因此，对于重要用途的钢（如滚动轴承钢）要检查非金属夹杂物的数量、大小、形状与分布情况。

另外，钢在冶炼过程中会溶入一些气体，如氧气、氢气、氮气等，它们对钢的性能也有一定的影响。

2　合金元素对钢性能的影响

钢在冶炼时，为满足某种要求而加入的一些元素称为合金元素。能够影响钢的质量而又无法完全去除的元素称为杂质元素。合金元素的存在对钢的相变、组织及性能有很大影响，通过合金化，可以提高或改善钢的性能。

2.1　合金元素在钢中的存在形式

（1）形成合金铁素体。

大多数合金元素都可或多或少地溶入铁素体中，形成合金铁素体。溶入铁素体中的合金元素，由于它们的晶格类型及原子直径与铁不同，因此必然引起铁素体的晶格畸变，产生固溶强化现象，使铁素体的强度、硬度提高，如图 5-8 所示。当合金元素的质量分数超过一定数值后，铁素体的塑性、韧性将显著下降，如图 5-9 所示。

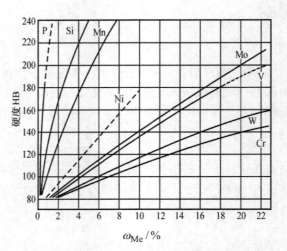

图 5-8　合金元素对铁素体硬度的影响

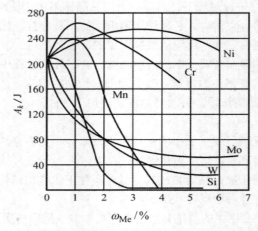

图 5-9　合金元素对铁素体韧性的影响

可见，与铁素体有相同晶格类型的合金元素，如铬、钼、钨、钒等强化铁素体的作用较弱。而晶格类型与铁素体不同的合金元素，如硅、锰、镍等强化铁素体的作用较强。另外，有些合金元素如硅、锰、铬、镍等，当它们在钢中的质量分数适当时，不仅能强化铁素体，还能提高或改善铁素体的韧性。

（2）形成合金碳化。

合金元素可分为碳化物形成元素和非碳化物形成元素两类。碳化物形成元素，按它们与碳原子结合的能力又分为弱碳化物形成元素，如锰等；中强碳化物形成元素，如铬、钼、钨等；强碳化物形成元素，如钒、铌、钛、锆等。

钢中合金碳化物的类型主要有合金渗碳体和特殊碳化物两种。合金渗碳体是合金元素溶入渗碳体中所形成的碳化物，它仍具有渗碳体的复杂晶格。一般情况下，弱碳化物形成元素倾向于形成合金渗碳体，如$(Fe、Mn)_3C$等。而中强碳化物形成元素在钢中的质量分数不大（0.5%～3%）时，也倾向于形成合金渗碳体，如$(Fe、Cr)_3C$、$(Fe、Mo)_3C$等。合金渗碳体的稳定性及硬度比渗碳体高，是一般低合金钢中碳化物的主要存在形式。

特殊碳化物是一种与渗碳体晶格类型完全不同的合金碳化物，通常是由中强或强碳化物形成元素所构成的碳化物。强碳化物形成元素在钢中即使质量分数很小，但只要有足够的碳，就倾向于形成特殊碳化物，如WC、VC、TiC等；中强碳化物形成元素只有在钢中的质量分数较大（>5%）时，才倾向于形成特殊碳化物，如$Cr_{23}C_6$、Cr_7C_3等。特殊碳化物（特别是晶体结构简单的特殊碳化物），具有比合金渗碳体更高的熔点、硬度和耐磨性，并且更稳定，不易分解。

合金碳化物的种类、性能、数量及在钢中的分布将直接影响钢的性能和热处理时的相变。应当指出，合金元素在钢中的存在形式，与合金元素的种类和质量分数、碳的质量分数、热处理条件等因素有关；所有的合金元素都能在热处理加热时溶入奥氏体中，形成合金奥氏体，并在淬火后形成合金马氏体。

2.2　合金元素对铁碳相图的影响

当合金元素加入到铁碳合金中时，铁的同素异构转变温度和奥氏体相区的大小都将发生改变。

合金元素如铬、钨、钼、钒、钛、铝、硅等，将使奥氏体相区缩小，A_3 和 A_1 温度升高，S 点和 E 点向左上方移动，如图 5-10 所示。随着这类合金元素在钢中的质量分数增大，奥氏体相区逐渐缩小并消失，此时，钢在室温下的平衡组织就是单相的铁素体，这种钢称为铁素体钢。

合金元素镍、锰、氮、钴等，将使奥氏体相区扩大，A_3 和 A_1 温度下降，S 点和 E 点向左下方移动，如图 5-11 所示。随着这类合金元素在钢中的质量分数增多，奥氏体相区逐渐扩大并一直延展到室温以下，此时，钢在室温下的平衡组织就是稳定的单相奥氏体，这种钢称为奥氏体钢。

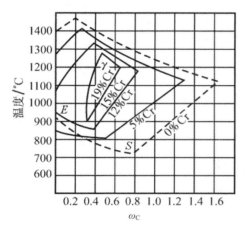

图 5-10　铬对铁碳相图中奥氏体相区的影响（缩小）　　图 5-11　锰对铁碳相图中奥氏体相区的影响（扩大）

由于合金元素使 S、E 点向左移动，因此，碳的质量分数相同的碳钢与合金钢将具有不同的显微组织。例如，碳的质量分数为 0.4% 的碳钢具有亚共析钢的组织；而碳的质量分数为 0.4%、铬的质量分数为 14% 的合金钢则具有过共析钢的组织。又如，碳的质量分数为 0.7%～0.8% 的高速钢，由于合金元素的质量分数超过了 10%，使 E 点显著左移，结果，尽管高速钢中碳的质量分数远低于 2.11%，但其铸态组织中却出现了莱氏体，这种钢也称为莱氏体钢。

2.3　合金元素对钢的热处理的影响

（1）合金元素对钢加热转变的影响。

合金钢的奥氏体化过程与碳钢的基本相同，但大多数合金元素（除镍、钴外）会减缓奥氏体化过程，并且合金元素（除锰外）都能阻止奥氏体晶粒的长大。故合金钢，特别是含有强碳化物形成元素的合金钢，在热处理时为了得到比较均匀且含有足够数量合金元素的奥氏体，充分发挥合金元素的有益作用，需要更高的加热温度与较长的保温时间，但不易过热。这有利于提高钢的淬透性；有利于在淬火后获得细小马氏体，提高钢的力学性能；有利于减小淬火时的变形与开裂倾向。

（2）合金元素对钢冷却转变的影响。

合金元素（除钴外）在溶入奥氏体中后，能降低原子的扩散速度，使奥氏体的稳定性增加，从而使 C 曲线的位置向右移动，特别是碳化物形成元素不仅使 C 曲线的位置右移，还改变了 C 曲线的形状，如图 5-12 所示。由于合金元素使 C 曲线位置右移，故降低了钢的临界冷却速度，提高了钢的淬透性。多种合金元素同时加入对提高淬透性的作用更为明显。合金钢的淬透性好，这在实际生产中具有很大意义。

（3）合金元素对淬火钢回火转变的影响。

合金钢在淬火后，由于马氏体中含有合金元素，使原子的扩散速度减慢，因而在回火过程中，马氏体不易分解，碳化物不易析出，析出后的碳化物聚集长大困难，所以合金钢在相同温度回火后，强度、硬度的下降比碳钢少。这种淬火钢在回火时抵抗软化的能力称为耐回火性（或回火稳定性）。合金钢的耐回火性高，这在实际生产中是有利的。

图 5-12   合金元素对 C 曲线的影响

有些合金元素如钨、钼、钒、钛等，使淬火钢在回火时出现硬度回升的现象称为二次硬化，如图 5-13 所示。这主要是由于含有强碳化物形成元素的钢淬火后，在回火时会从马氏体中析出高硬度的特殊碳化物。二次硬化现象对需要高热硬性的工具钢具有重要意义。

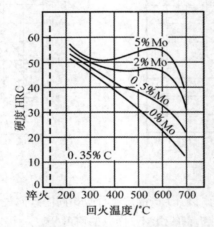

图 5-13   含碳 0.35%钼钢的回火温度与硬度的关系

综上所述，由于合金元素能强化铁素体，能形成高硬度、高耐磨性的合金碳化物，能细化晶粒，能提高钢的淬透性和耐回火性，所以合金钢的力学性能比碳钢好。但是，合金元素的有益作用只有通过适当的热处理才能发挥出来。

任务实施

杂质元素与合金元素对钢性能的影响任务实施表

情　境						
学习任务					完成时间	
任务完成人	学习小组		组长		成员	
完成情境任务 所需的知识点						
情境任务实施 的结果						

学习情境 6 碳钢与合金钢

学习目标

知识目标：掌握碳钢、合金钢的分类；熟悉碳钢、合金钢的成分、性能及用途。

能力目标：培养学生获取、筛选信息和制订计划、方案及实施、检查和评价的能力；培养学生独立分析、解决问题的能力；培养学生的创造和审美能力；培养学生的团队合作、交流、组织协调的能力和责任心。

素质目标：养成严谨细致、一丝不苟的工作作风；培养学生的自信心、竞争意识和效率意识；培养学生的爱岗敬业、诚实守信、服务群众、奉献社会等职业道德。

子学习情境 6.1 碳钢的分类与应用

情境导入

碳钢的分类与应用工作任务单

情　　境	碳钢与合金钢				
学习任务	子学习情境 6.1：碳钢的分类与应用			完成时间	
任务完成	学习小组		组长	成员	
任务要求	掌握碳钢的分类；熟悉碳钢的成分、性能及用途				
任务载体和资讯	 钢结构建筑			**任务描述** 　　含碳量在 0.021%～2.11%范围内的铁碳合金为碳钢。由于碳钢容易冶炼、价格低廉、工艺性好，具有较好的使用性能，能满足许多场合的需要，因而在机械工程领域得到广泛应用。碳钢的性能及用途是怎样的 资讯： 1. 碳钢的概念 2. 碳钢的分类 3. 碳钢的成分、性能及用途		
资料查询情况					
完成任务小拓展	20R 为容器用钢板，新标准改为 Q245R，即屈服强度级别为 245MPa，R 表示容器，属于碳素结构钢，20R 是钢板中的一大类容器板，具有特殊的成分与性能，主要用于做压力容器，针对用途、温度、耐腐的不同，所应选用的容器板材质也不尽相同				

知识链接

1　碳钢的分类

在 Fe-Fe₃C 相图中，根据其内部组织不同，我们将非合金钢分为共析钢、亚共析钢和过共析钢三类。在实际使用过程中，非合金钢的分类方法很多，常见的方法有以下几种：

（1）按钢中碳含量分。①低碳钢：$\omega_C \leq 0.25\%$；②中碳钢：$0.25\% < \omega_C \leq 0.6\%$；③高碳钢：$\omega_C > 0.6\%$。

（2）按钢的质量分。①普通钢：$\omega_S \leq 0.035\% \sim 0.050\%$、$\omega_P \leq 0.035\% \sim 0.045\%$；②优质钢：$\omega_S \leq 0.035\%$，$\omega_P \leq 0.035\%$；③高级优质钢：$\omega_S \leq 0.02\%$，$\omega_P \leq 0.03\%$。

（3）按钢的用途分。①碳素结构钢：用于建筑、桥梁、船舶等工程构件和机器零件；②碳素工具钢：用于刀具、模具、量具。

（4）按炼钢时的脱氧程度或方式分。①沸腾钢：是脱氧不彻底的钢，代号 F；②镇静钢：是脱氧彻底的钢，代号 Z；③半镇静钢：是脱氧程度介于沸腾钢和镇静钢之间，代号为 b；④特殊镇静钢：比镇静钢脱氧程度更充分彻底的钢，代号为 TZ。

生产中还有其他多种分类方法，在此不一一列举。一般使用时会将其综合命名。

2　碳素结构钢

碳素结构钢包括用于建筑、桥梁、船舶等工程构件的普通碳素结构钢和用于制造机械零件的优质碳素结构钢两种。

2.1　普通碳素结构钢

普通质量的碳素结构钢简称为碳素结构钢，是工程上应用最多的钢种。碳素结构钢的牌号由代表钢材屈服点"屈"字的汉语拼音首位字母"Q"、屈服强度数值（单位为 MPa）和质量等级符号、脱氧方法符号四个部分按顺序组成。碳素结构钢的牌号及化学成分如表 6-1 所示。这类钢只保证力学性能，化学成分一般不是很严格，例如 Q235AF，即表示屈服点为 235MPa、A 等级质量的沸腾钢。沸腾钢一般用锰铁脱氧不彻底，钢水中放出一氧化碳气体，在浇注时钢水呈沸腾现象，故称为沸腾钢。沸腾钢价廉，钢锭无缩孔，钢板表面质量好。若钢以 Si、Al 脱氧，因其能力强，无一氧化碳气泡，钢水平静，故称镇静钢，其化学成分均匀、组织细密、质量好。

表 6-1　碳素结构钢的牌号及化学成分

牌号	等级	化学成分（质量分数）/%				
		C	Si	Mn	P	S
		≤				
Q195	—	0.12	0.30	0.50	0.035	0.040
Q215	A	0.15	0.35	1.20	0.045	0.050
	B					0.045
Q235	A	0.22	0.35	1.40	0.045	0.050
	B	0.22b				0.045
	C	0.17			0.040	0.040
	D				0.035	0.035
Q275	A	0.24	0.35	1.50	0.045	0.050
	B	0.22			0.045	0.045
	C	0.20			0.040	0.040
	D				0.030	0.035

注：b 指经需方同意，Q235B 的碳含量可不大于 0.22%。

碳素结构钢只有四个基本牌号：Q195、Q215、Q235、Q275。由于含碳量不高，所以，其塑性、韧性、焊接性好，而强度、硬度较低。这类钢通常是热轧后空冷供货，用户一般不进行热处理。

碳素结构钢主要用于建筑、桥梁、船舶等各类工程领域，应用量很大，约占钢材市场总量的 70%。这类钢一般做成热轧钢板、钢带、钢管、盘条、型材、棒料等，供焊接、铆接、栓接等构件使用。其中 Q195、Q215、Q235 钢的含碳量较低、塑性好、强度低，一般用于螺钉、螺母、垫片、钢窗等强度要求不高的工件。Q235C、Q235D 质量好，用作重要的焊接构件；Q275 钢的含碳量较前几种要高一些，强度较高，塑性、韧性较好，可作为建筑工程中质量要求较高的焊接构件，也可用作受力较大的机械零件。碳素结构钢中，以 Q235 应用最广。

2.2 优质碳素结构钢

优质碳素结构钢中硫和磷含量较低，非金属夹杂物也较少，因此机械性能比碳素结构钢优良，被广泛用于制造机械产品中较重要的结构零件。为了充分发挥其性能潜力，可以通过各种热处理调整零件的力学性能。出厂状态可以是热轧后空冷，也可以是退火、正火等状态。优质碳素结构钢在使用前一般都要进行热处理。优质碳素结构钢不仅保证力学性能，也保证化学成分。优质碳素结构钢牌号表示方法是采用两位阿拉伯数字（以万分之一为一个计量单位表示平均碳的质量分数）或阿拉伯数字和元素符号。优质碳素结构钢的牌号及化学成分如表 6-2 所示。

表 6-2 优质碳素结构钢的牌号及化学成分

牌号	化学成分（质量分数）/%							
	C	Si	Mn	P	S	Cr	Ni	Cu
				≤				
10	0.07~0.13	0.17~0.37	0.35~0.65	0.035	0.035	0.25	0.30	0.25
15	0.12~0.18	0.17~0.37	0.35~0.65	0.035	0.035	0.25	0.30	0.25
20	0.17~0.23	0.17~0.37	0.35~0.65	0.035	0.035	0.25	0.30	0.25
25	0.22~0.29	0.17~0.37	0.50~0.80	0.035	0.035	0.25	0.30	0.25
30	0.27~0.34	0.17~0.37	0.50~0.80	0.035	0.035	0.25	0.30	0.25
35	0.32~0.39	0.17~0.37	0.50~0.80	0.035	0.035	0.25	0.30	0.25
40	0.37~0.44	0.17~0.37	0.50~0.80	0.035	0.035	0.25	0.30	0.25
45	0.42~0.50	0.17~0.37	0.50~0.80	0.035	0.035	0.25	0.30	0.25
50	0.47~0.55	0.17~0.37	0.50~0.80	0.035	0.035	0.25	0.30	0.25
55	0.52~0.60	0.17~0.37	0.50~0.80	0.035	0.035	0.25	0.30	0.25
60	0.57~0.65	0.17~0.37	0.50~0.80	0.035	0.035	0.25	0.30	0.25
65	0.62~0.70	0.17~0.37	0.50~0.80	0.035	0.035	0.25	0.30	0.25
70	0.67~0.75	0.17~0.37	0.50~0.80	0.035	0.035	0.25	0.30	0.25
75	0.72~0.80	0.17~0.37	0.50~0.80	0.035	0.035	0.25	0.30	0.25
80	0.77~0.85	0.17~0.37	0.50~0.80	0.035	0.035	0.25	0.30	0.25
85	0.82~0.90	0.17~0.37	0.50~0.80	0.035	0.035	0.25	0.30	0.25
15Mn	0.12~0.18	0.17~0.37	0.70~1.00	0.035	0.035	0.25	0.30	0.25
20Mn	0.17~0.23	0.17~0.37	0.70~1.00	0.035	0.035	0.25	0.30	0.25
25Mn	0.22~0.29	0.17~0.37	0.70~1.00	0.035	0.035	0.25	0.30	0.25
30Mn	0.27~0.34	0.17~0.37	0.70~1.00	0.035	0.035	0.25	0.30	0.25
35Mn	0.32~0.39	0.17~0.37	0.70~1.00	0.035	0.035	0.25	0.30	0.25
40Mn	0.37~0.44	0.17~0.37	0.70~1.00	0.035	0.035	0.25	0.30	0.25
45Mn	0.42~0.50	0.17~0.37	0.70~1.00	0.035	0.035	0.25	0.30	0.25
50Mn	0.48~0.56	0.17~0.37	0.70~1.00	0.035	0.035	0.25	0.30	0.25
60Mn	0.57~0.65	0.17~0.37	0.70~1.00	0.035	0.035	0.25	0.30	0.25
65Mn	0.62~0.70	0.17~0.37	0.90~1.20	0.035	0.035	0.25	0.30	0.25
70Mn	0.67~0.75	0.17~0.37	0.90~1.20	0.035	0.035	0.25	0.30	0.25

优质碳素结构钢中有三个钢号是沸腾钢，其钢号（08F、10F、15F）尾部标有 F。优质碳素结构钢中还有些是锰的质量分数较高（含锰量在 0.7%～1.2%）的一组牌号（15Mn～70Mn），其钢号尾部标有元素符号 Mn，性能和用途与原对应牌号（15～70）相同，但其淬透性略高。这类钢仍属于优质碳素结构钢，不要误认为是合金钢。

优质碳素结构钢有优质、高级优质（在钢号后加 A）、特级优质（在钢号后加 E）之分。优质碳素结构钢总共有 31 个钢号，包括低碳钢、中碳钢和高碳钢。由于含碳量差别很大，力学性能差别也很大。因此，不同含碳量的优质碳素结构钢，可用来制作各种不同力学性能要求的机械零件。

08F、10F、15F 这 3 个沸腾钢表面质量好，塑性好，有良好的焊接和冲压性能，一般制造成薄板，用于做冷冲压件、焊接件，如拖拉机箱、汽车壳体等。

15、20、25 钢强度较低，但塑性和韧性较高，焊接性能及冷冲压性能较好，可以制造各种用作冷冲压件和焊接件以及一些受力不大但要求高韧性的零件。这三个牌号的钢经渗碳淬火及低温回火后，表面硬度可达 60HRC 以上，耐磨性好，而心部仍具有一定的强度和韧性，可用来制作要求表面耐磨并能承受冲击载荷的零件。因此，这三个牌号的钢也称为渗碳钢。

30、35、40、45、50、55 钢属于调质钢，经淬火及高温回火后，具有良好的综合力学性能，主要用于要求强度、塑性和韧性都较高的机械零件，如齿轮、轴类零件，这类钢在机械制造中应用最广泛，其中以 45 钢更为突出。

60、65、70 钢属于弹簧钢，经淬火及中温回火后可获得高的弹性极限、高的屈强比，主要用于制作弹簧等弹性零件及耐磨零件。

3　碳素工具钢

碳素工具钢主要用于制作各种小型工具。它的含碳量为 0.65%～1.35%，经过淬火及低温回火处理后可获得高硬度、高耐磨性。碳素工具钢分为优质级（$\omega_S \leqslant 0.03\%$，$\omega_P \leqslant 0.035\%$）和高级优质级（$\omega_S \leqslant 0.02\%$，$\omega_P \leqslant 0.03\%$）两大类。

这类钢号命名的方法是"碳"的汉语拼音首位字母"T"加上含碳量的千分数。如 T10，表示碳的质量分数为千分之十即 1.0% 的碳素工具钢。对于高级优质的碳素工具钢须在钢号尾部加"A"，如 T10A。优质级的不加质量等级符号。碳素工具钢中锰的含量严格控制在 0.4% 以下。个别钢为了提高其淬透性，锰的含量上限扩大到 0.6%，这时，该钢号尾部要标出元素符号"Mn"，如 T8Mn，以有别于 T8 钢。碳素工具钢的牌号及化学成分如表 6-3 所示。

碳素工具钢在机械加工前一般进行球化退火，硬度≤220HBS。最终热处理为淬火及低温回火，组织为回火马氏体+粒状渗碳体。其硬度可达 60～64HRC，具有很高的耐磨性，价格又便宜，生产上得到广泛应用。

碳素工具钢做刀具的缺点是红硬性（红硬性是指钢在高温下保持高硬度的能力）差，当刃部温度高于 250℃时，其硬度和耐磨性会显著降低。此外，这类钢的淬透性也低，并容易产生淬火变形和开裂。因此，碳素工具钢大多用于制造刃部受热程度较低的手用工具和低速、小进给量的机用工具，亦可用于制作形状简单、尺寸较小的模具以及量具。

表 6-3　碳素工具钢的牌号及化学成分

牌号	化学成分（质量分数）/%		
	C	Mn	Si
T7	0.65～0.74	≤0.40	
T8	0.75～0.84		
T8Mn	0.80～0.90	0.40～0.60	
T9	0.85～0.94		≤0.35
T10	0.95～1.04		
T11	1.05～1.14	≤0.40	
T12	1.15～1.24		
T13	1.25～1.35		

 任务实施

碳钢的分类与应用任务实施表

情　　境						
学习任务				完成时间		
任务完成人	学习小组		组长		成员	
完成情境任务 所需的知识点						
情境任务实施 的结果						

子学习情境 6.2　合金钢的分类与应用

情境导入

合金钢的分类与应用工作任务单

情　　境	碳钢与合金钢				
学习任务	子学习情境 6.2：合金钢的分类与应用			完成时间	
任务完成	学习小组		组长	成员	
任务要求	掌握合金钢的分类；熟悉合金钢的成分、性能及用途				
任务载体和资讯	减速机			**任务描述** 　含有合金元素的钢称为合金钢。它是在碳钢的基础上，有目的地在冶炼过程中加入一定量的合金元素制成的 　合金钢与碳素钢相比，具有较高的综合力学性能、良好的热处理工艺性能，并具有特殊的物理、化学性能。重要的工程结构和机械零件均使用合金钢制造。合金钢的性能及用途是怎样的 资讯： 1．合金钢的概念 2．合金钢的分类 3．合金钢的成分、性能及用途		
资料查询情况					
完成任务小拓展	Q345q 为桥梁用钢板，即屈服强度级别为 345MPa，钢号末尾标有 q（桥）字。桥梁板是制造桥梁结构件专用的厚钢板，使用专用钢种桥梁建筑用碳素钢和低合金钢制造				

知识链接

1　合金钢的分类

　　合金钢的分类方法很多，最常用的方法有：按合金元素总的质量分数分类、按合金质量和钢中有害杂质元素的含量分类、按主要用途分类。

1.1　按合金元素总的质量分数分类

　　（1）低合金钢：钢中全部合金元素总的质量分数 $\omega_{Me}<5\%$。

（2）中合金钢：钢中全部合金元素总的质量分数 ω_{Me}=5%～10%。

（3）高合金钢：钢中全部合金元素总的质量分数 ω_{Me}>10%。

1.2　按合金质量和钢中有害杂质元素的含量分类

（1）优质钢：ω_P<0.035%，ω_S<0.035%。

（2）高级优质钢：ω_P<0.025%，ω_S<0.025%。

（3）特级优质钢：ω_P<0.025%，ω_S<0.015%。

1.3　按主要用途分类

（1）合金结构钢：主要用于制造重要工程结构和机器零件，是工业上应用最广、用量最大的钢种，可分为工程用结构钢和机械制造结构钢。工程用结构钢指主要用于建筑、桥梁、车辆、船舶、锅炉或其他工程上制造金属结构的钢，如低合金结构钢、各种低合金专用钢等。机械制造用结构钢指主要用于制造机械设备上结构零件的钢，如渗碳钢、调质钢、弹簧钢、轴承钢等。

（2）合金工具钢：指主要用于制造重要工具的钢种，包括刃具钢、模具钢和量具钢等。

（3）特殊性能钢：具有特殊的物理、化学、力学性能的钢种，主要用于制造有特殊要求的零件或结构，包括不锈钢、耐热钢、耐磨钢等。

2　合金钢的编号

2.1　合金结构钢的编号

合金结构钢编号的方法与优质碳素结构钢编号的方法是相同的，都是以"两位数字+元素符号+数字+……"的方法表示。牌号首部用数字表示碳的质量分数，规定结构钢碳的质量分数以万分之几为单位；用元素的化学符号表示钢中主要合金元素，质量分数由其后的数字标明，一般以百分之几表示。凡合金元素的平均含量小于1.5%时，钢号中一般只标明元素符号而不标明其含量。如果平均质量分数为1.5%～2.49%、2.5%～3.49%等时，相应地标以 2、3、……。如为高级优质钢，则在其钢号后加"高"或"A"，例如20Cr2Ni4A 等。钢中的 V、Ti、Al、B、Re 等合金元素，虽然它们的含量低，但在钢中能起相当重要的作用，故仍应在钢号中标出。

2.2　合金工具钢的编号

合金工具钢的编号以"一位数字（或没有数字）+元素+数字+……"表示。编号方法与合金结构钢大体相同，区别在于含碳量的表示方法，钢号前表示其平均含碳量的是一位数字，为其千分数，在平均含碳量小于1.0%时，则在钢号前以千分之几表示它的平均含碳量；当含碳量大于等于 1.0%时，则不予标出。如合金工具钢5CrMnMo，其平均碳的质量分数为0.5%，主要合金元素 Cr、Mn、Mo 的质量分数均在1.5%以下。

高速钢是一类高合金工具钢，其钢号一般不标出含碳量，仅标出合金元素符号及其平均含量的百分数。如W18Cr4V 钢的平均含碳量为0.7%～0.8%，而牌号首位并不写8。

2.3　特殊性能钢的编号

特殊性能钢的牌号的表示方法与合金工具钢的表示方法基本相同，如不锈钢 9Cr18 表示钢中碳的平均质量分数为0.9%，铬的平均质量分数为18%。但也有少数例外，不锈钢、耐热钢在碳的质量分数较低时，表示方法有所不同，若碳的平均质量分数小于0.03%及0.08%时，则在钢号前分别冠以"00"及"0"的数字来表示其平均质量分数，如 0Cr18Ni9、00Cr17Ni14Mo2。

2.4　专用钢的编号

专用钢是指某些用于专门用途的钢种。它是以其用途名称的汉语拼音第一个字母来表明此钢种的类型，以数字表明其碳的质量分数；合金元素后的数字标明该元素的大致含量。

例如滚珠轴承钢在钢号前标以"G"字，其后为"铬（Cr）+数字"，数字表示铬含量平均值的千分之几，如"滚铬 15"（GCr15）。这里应注意牌号中铬元素后面的数字是表示含铬量为 1.5%，其他元素仍按百分之几表示，如 GCr15SiMn 表示含铬为 1.5%，硅、锰含量均小于 1.5% 的滚动轴承钢。又如易切削钢前标以"Y"字，Y40Mn 表示碳的质量分数为 0.4%，锰的质量分数小于 1.5% 的易切削钢。还有如 20g 表示碳的质量分数为 0.2% 的锅炉用钢；16MnR 表示碳的质量分数为 0.16%，含锰量小于 1.5% 的容器用钢。

3　合金结构钢

在碳素结构钢的基础上，有目的地在冶炼的过程中加入一定量的合金元素就形成了合金结构钢。合金结构钢具有较高的淬透性、强度和韧性，用于制造重要工程结构和机器零件时具有优良的综合力学性能，从而保证零部件使用的安全，主要有低合金结构钢、合金渗碳钢、合金调质钢、合金弹簧钢和滚动轴承钢。

3.1　低合金结构钢

低合金结构钢是在低碳素结构钢的基础上加入少量合金元素（合金元素总量 $\omega_{Me}<3\%$）而得到的钢。这类钢比碳素结构钢的强度要高 10%～30%，因此又被称为低合金高强度结构钢。牌号的表示方法是由代表屈服点的汉语拼音字母（Q）、屈服点数值、质量等级符号（A、B、C、D、E）三个部分按顺序排列。质量等级符号反映了低合金高强度结构钢中有害元素（磷、硫）含量的多少，从 A 级到 E 级，钢中磷、硫含量依次减少。如 Q390A，代表屈服点为 390MPa，质量等级为 A 级的低合金高强度结构钢。

低合金结构钢的性能特点有：

（1）足够高的屈服点及良好的塑性、韧性。

采用低合金结构钢的主要目的是减轻金属结构的重量，提高可靠性。因此，要求有较高的屈服强度、较低的脆性转变温度、良好的室温冲击韧性和塑性。合金元素（主要是锰、硅）强化铁素体，铝、钒、钛等元素细化铁素体晶粒，增加珠光体数量，以及加入能形成碳化物、氮化物的合金元素（钒、铌、钛），使细小化合物从固溶体中析出，产生弥散强化作用。所以低合金结构钢在热轧或正火后具有高的强度，其屈服点一般在 300MPa 以上，当锰的质量分数 $\omega_{Mn}<1.5\%$ 时，仍具有良好的塑性与韧性。一般低合金结构钢伸长率 A 为 17%～23%，室温下冲击吸收功 AKV>34J，并且韧脆转变温度较低，约为–30℃（碳素结构钢为–20℃）。

（2）良好的工艺性能。

低合金结构钢在生产过程中，往往需要经过冷热轧制而制成各种板材、管材、线材、型材等，也经过如剪切、冲压、冷弯、焊接等工艺过程，同时还需要适合火焰切割，因此，要求具有良好的工艺性能。

（3）良好的焊接性能。

由于焊接是制造大的钢结构的主要工艺方法，在焊接前，需要对钢材进行切割、冷弯冷卷、冲孔等工序，并且钢结构在焊接后不易进行热处理，因此，特别要求低合金结构钢具有良好的塑变性能和焊接性能。低合金结构钢的碳的质量分数低，合金元素少，塑性好，不易在焊缝区产生淬火组织及裂纹，且加入铌、钛、钒还可抑制焊缝区的晶粒长大，故具有良好的可焊性。

（4）较好的耐蚀性。

低合金结构钢生产制造的零件或机械往往在大气、海水、土壤中使用，如桥梁、船舶、地下管道等，所以要求钢材能够抵抗这些介质的腐蚀。在低合金高强度结构钢中加入合金元素，可使其耐蚀性明显提高，尤其是在铜和磷复合加入时效果更好。

低合金结构钢一般在热轧或正火状态下使用，一般不需要进行专门的热处理。有特殊需要时，如果为了改善焊接区性能，可进行一次正火处理。

3.2　合金渗碳钢

许多机械零件如汽车、拖拉机齿轮，内燃机凸轮，活塞销等工作条件比较复杂，一方面零件表面承受强烈的摩擦和交变应力的作用，另一方面又经常承受较强烈的冲击载荷作用，这类零件要求钢表面具有高硬度，心部具有较高的韧性和足够的强度。为了满足这样的工作条件，常选用合金渗碳钢。对合金渗碳钢的基本性能要求是经渗碳、淬火和低温回火后，表面具有高的硬度和耐磨性，心部具有足够的强度和韧性。

（1）化学成分。一般合金渗碳钢碳的质量分数 $\omega_C=0.10\%$～0.25%（也可适当提高 $\omega_C=0.3\%$），以保证渗碳零件心部有较高的塑性和韧性。合金渗碳钢中，主加元素为铬（$\omega_{Cr}<3\%$）、锰（$\omega_{Mn}<2\%$）、镍（$\omega_{Ni}<4.5\%$）、硼（$\omega_B<0.0035\%$），其作用是增加钢的淬透性，使钢经渗碳淬火后，心部得到低碳马氏体组织，以提高强度，同时保持良好的韧性。主加元素还能提高渗碳层的强度和塑性，尤其以镍的作用最佳。对大截面零件，心部要求性能高的，应采用多元合金渗碳钢，对提高其淬透性更为有效。值得指出的是在钢中加入微量的硼（$\omega_B=0.0035\%\sim0.0005\%$）时，能显著提高钢的淬透性。据试验数据表明，上述微量硼对提高钢的淬透性的作用与$\omega_{Ni}=2\%$、$\omega_{Cr}=0.5\%$或$\omega_{Mo}=0.35\%$的作用相当。

必须注意的是，随着钢中碳的质量分数的增加，硼对淬透性的影响也随之减弱。因此微量硼在低碳钢中比在中碳钢中效果大。当$\omega_C>0.9\%$时，硼基本上已不起作用。辅加少量的钼、钨、钒、钛等强碳化物形成元素，以阻止高温渗碳时晶粒长大，起细化晶粒作用。细晶粒组织对防止渗碳层剥落及提高心部性能都有利，并且渗碳后直接淬火，可以简化热处理工序。辅加元素形成的特殊碳化物还可以增加渗碳层的耐磨性及硬度。

（2）常用的合金渗碳钢。合金渗碳钢常按淬透性大小分为三类。

1）低淬透性合金渗碳钢：这类钢合金元素含量较少，淬透性较差，水淬时的临界淬透直径约为20～35mm，用于制作受力不太大，不需要很高强度的耐磨零件。如凸轮、滑块等。属于这类钢的有20Mn2、20Cr、20MnV等。这类钢渗碳时心部晶粒易长大（特别是锰钢）。常用低率透性合金渗碳钢的牌号、热处理、力学性能及硬度如表6-4所示。

表6-4 常用低淬透性合金渗碳钢的牌号、热处理、力学性能及硬度

牌号	热处理						力学性能					硬度	
	渗碳温度/℃	淬火/℃			回火/℃		$R_{r0.2}$/MPa	R_m/MPa	$A/\%$	$Z/\%$	K/J	心部	表面
		一次淬火	二次淬火	冷却	温度	冷却						HBW	HRC
20Mn2	910～930	850	—	水、油	180～200	空气	820	600	26	47	—	229	58～64
20MnV	900～940	800～840	—	油	180～200	空气	1000		15	50	104	—	56～62
20Mn2B	910～930	800～830	—	油	180～200	空气	1450	1300	13	67	105	370	>60
15Cr	900～920	860～870	780～820	油	170～190	空气	915	609	17.8	50	120	300	58～63
20Cr	890～910	860～890	780～820	水、油	160～200	空气	1240	1060	32	55	55	—	58～64
20CrV	920～940	880	800	水、油	180～200	水、油	850	600	12	45	70	—	—

2）中淬透性合金渗碳钢。这类钢淬透性较好，油淬时的临界淬透直径为25～60mm，零件淬火后心部强度可达1000MPa～1200MPa，多用于制作承受中等载荷要求、有足够冲击韧性的耐磨零件，如汽车、拖拉机齿轮等。属于这类钢的有20CrMnTi、12CrNi3、20MnVB等。20CrMnTi钢是最常用的钢种，广泛应用于汽车、拖拉机齿轮的制造。由于铬、锰的复合作用，使钢具有较高的淬透性，钛可细化奥氏体晶粒，渗碳后可直接淬火，工艺简单，淬火变形小。常用中淬透性合金渗碳钢的牌号、热处理、力学性能及硬度如表6-5所示。

表6-5 常用中淬透性合金渗碳钢的牌号、热处理、力学性能及硬度

牌号	热处理					力学性能					硬度	
	渗碳温度/℃	淬火/℃（油冷）		回火/℃		$R_{r0.2}$/MPa	R_m/MPa	$A/\%$	$Z/\%$	K/J	表面	心部
		一次淬火	二次淬火	温度	冷却						HBW	HRC
15CrMn	910～930	880	—	200	水	800	600	12	50	60	>58	—
20CrMn	910～930	880	—	200	水	950	750	10	45	60	>58	280
20CrMnTi	920～940	830～870	—	180～200	空气	1300	1060	11	50	160	56～63	370
20CrMnMo	880～950	830～860	—	180～220	空气	1500	1360	11.8	51.2	88	>58	323～370
20MnVB	900～930	860～880	780～800	160～200	空气	1470	1180	10	45	86	56～62	323～370
20Mn2TiB	930～950	860～880	780～820	180～200	空气	1390	1170	11.2	56	78	56～62	—

3）高淬透性合金渗碳钢。这类钢含有较多的铬、镍等合金元素，在它们的复合作用下，钢的淬透性很好，甚至在空冷时也能够得到马氏体组织，心部强度可达1300MPa以上，油淬时的临界淬透直径为100mm以上，主要用于制造具有高的强韧性和耐磨性，能够承受很高载荷及强烈磨损的重要零件，如飞机和坦克的重要齿轮和轴等。属于这类钢的有12Cr2Ni4、20Cr2Ni4、18Cr2Ni4WA等。常用高淬透性合金渗碳钢的牌号、热处理、成分、力学性能及硬度如表6-6所示。

表 6-6　常用高淬透性合金渗碳钢的牌号、热处理、力学性能及硬度

牌号	热处理				力学性能					硬度	
	渗碳温度/℃	淬火/℃（油冷）		回火温度/℃，空冷	$R_{r0.2}$/MPa	R_m/MPa	A/%	Z/%	K/J	表面	心部
		一次淬火	二次淬火							HBW	HRC
12Cr2Ni4	900～930	840～860	780～790	150～200	1208	1094	15.3	67.2	143	>58	257～370
18Cr2Ni4WA	900～940	780～800	—	200	1250	1110	15	62	140	56	42
12SiMn2WVA	910～930	780～800	—	170～200	1480	1330	15	55.2	111	58	40
15CrMn2SiMoA	900～930	780～820	—	170～210	1180	1061	14.6	52.3	92	56	39

3.3　合金调质钢

合金调质钢通常是指经调质处理后使用的合金钢，主要用于制造承受很大变动载荷与冲击载荷或各种复合应力的零件（如机床主轴、连杆、螺栓以及各种轴类零件等），这类零件要求钢材具有较高的综合力学性能，即强度、硬度、塑性、韧性有良好的配合。为了保证零件整个截面力学性能的均匀性，还要求钢具有良好的淬透性。

（1）化学成分。合金调质钢碳的质量分数一般在 0.25%～0.5% 之间。若碳的质量分数过低，不易淬硬，回火后强度不足；若碳的质量分数过高，则韧性差，在使用过程中易产生脆性断裂。合金调质钢因合金元素起了强化作用，相当于代替了一部分碳量，故碳的质量分数可偏低。合金调质钢的主加元素有锰（ω_{Mn}<2%）、铬（ω_{Cr}<2%）、镍（ω_{Ni}<4.5%）、硼（ω_B<0.0035%），主要目的是增加钢的淬透性。全部淬透的零件在高温回火后，可获得均匀的综合力学性能。主加元素（除硼外）都具有显著强化铁素体的作用，当它们的含量在一定范围时，可提高铁素体的韧性。辅加元素为少量的钼、钨、钒、钛等强碳化物形成元素，可细化晶粒和提高回火稳定性，其中钼、钨还有防止合金调质钢第二类回火脆性作用。

（2）常用的合金调质钢。常用的调质钢的类别、牌号、力学性能、热处理与用途如表 6-7 所示。合金调质钢按淬透性大小分为三类。

表 6-7　常用的调质钢的类别、牌号、力学性能、热处理与用途

类别	牌号	力学性能					钢材退火或高温回火供应状态 HBW	用途举例
		R_m/MPa	$R_{r0.2}$/MPa	A/%	Z/%	AKU/J		
		不小于						
低淬透性	40Gr	980	785	9	45	47	≤207	制造承受中等载荷和中等速度工作下的零件，如汽车后半轴及机床上齿轮、轴、花键轴、顶尖套等
	40Mn2	885	735	12	45	55	≤217	轴、半轴、活塞杆、连杆、螺栓
	42SiMn	885	735	15	40	47	≤229	在高频淬火及中温回火状态下制造中速、中等载荷的齿轮；调质后高频淬火及低温回火状态下制造表面要求高硬度、较高耐磨性、较大截面的零件，如主轴、齿轮等
	40MnB	980	785	10	45	47	≤207	代替 40Cr 钢制造中、小截面重要调质件，如汽车半轴、转向轴、蜗杆以及机床主轴、齿轮等
	40MnVB	980	785	10	45	47	≤207	代替 40Cr 钢制造汽车、拖拉机和机床上的重要调质件，如轴、齿轮等
中淬透性	35GrMo	980	835	12	45	63	≤229	通常用作调质件，也可在高、中频感应淬火或淬火、低温回火后用于高载荷下工作的重要结构件，特别是受冲击、振动、弯曲、扭转载荷的机件，如主轴、大电机轴、曲轴、锤杆等
	40GrMn	980	835	9	45	47	≤229	制造在高速、高载荷下工作的齿轮轴、齿轮、离合器等
	30GrMnSi	1080	885	10	45	47	≤229	制造重要用途的调质件，如高速、高载荷的砂轮轴、齿轮、轴、螺母、螺栓、轴套等

续表

类别	牌号	力学性能					钢材退火或高温回火供应状态 HBW	用途举例
		$R_m/$ MPa	$R_{r0.2}/$ MPa	$A/\%$	$Z/\%$	AKU/J		
		不小于						
高淬透性	40GrMnMo	980	785	10	45	63	≤217	制造截面较大、要求局部强度和高韧性的调质件，如 8t 卡车的后桥半轴、齿轮轴、偏心轴、齿轮、连杆等
	40GrNiMoA	980	835	12	55	78	≤269	制造要求韧性好、强度高及大尺寸的重要调质件，如重型机械中高载荷的轴类、直径大于 25 mm 的汽轮机主轴、叶片、曲轴等
	25GrNi4WA	1080	930	11	45	71	≤269	200 mm 以下、要求淬透的大截面重要零件

1）低淬透性合金调质钢。这类钢合金元素总的质量分数小于 2.5%。淬透性较差，油淬时的临界淬透直径为 20～40mm，具有较好的力学性能和工艺性能，主要用于制作中等截面的零件。常用的钢有 40Cr、40MnB、35SiMn 等。

2）中淬透性合金调质钢。这类钢合金元素含量较多，淬透性较高，油淬时的临界淬透直径为 40～60 mm，由于淬透性较好，故可用来制作截面较大、承受较重载荷的调质件，如曲轴、齿轮、连杆等。常用的钢有 35CrMo、38CrMoAlA、40CrMn、40CrNi 等。

3）高淬透性合金调质钢。这类钢合金元素含量比前两类调质钢多，油淬时的临界淬透直径大于 60～100 mm，淬透性高，主要用于大截面、承受更大载荷的重要调质件，如汽轮机主轴、叶轮等。常用的钢有 40CrMnMo、37CrNi3、25Cr2Ni4A 等。

3.4 合金弹簧钢

弹簧钢是指用来制造各种弹簧的钢。弹簧是机器和仪表中的重要零件，工作时弹簧产生的弹性变形在各种机械中起缓冲、吸振的作用，或储存能量以驱动机件，使机械完成规定的动作。因此弹簧的材料要具有高的弹性极限和弹性比功，保证弹簧具有足够的弹性变形能力，当承受大载荷时不发生塑性变形；弹簧在工作时一般是承受变动载荷，故还要求具有高的疲劳强度；对于特殊条件下工作的弹簧还有某些特殊要求，如耐热、耐腐蚀、无磁等。中碳钢和高碳钢由于性能较差，只用来制作截面及受力较小的弹簧。而合金弹簧钢主要用以制造较大截面的重要弹簧件。

（1）化学成分。为了保证弹簧具有高的弹性极限与疲劳强度，合金弹簧钢的碳的质量分数比调质钢要高。一般碳素弹簧钢的 $\omega_C=0.6\%～0.9\%$，它们在热处理前，具有接近共析成分的组织。由于合金元素的加入，使共析点左移，故合金弹簧钢的 $\omega_C=0.45\%～0.70\%$。

在合金弹簧钢中加入锰、硅、铬、钒、钼等合金元素，主要目的是提高钢的淬透性、回火稳定性，强化铁素体和细化晶粒。合金弹簧钢淬火和中温回火后整个截面上能获得均匀的回火托氏体组织，因而有效地提高了钢的力学性能。

合金钢中硅的加入可使屈强比 R_e/R_m 提高到接近 1，但硅的加入使钢加热时表面易脱碳，疲劳强度降低。少量钼、钒的加入，可减少硅－锰弹簧钢的脱碳和过热的倾向，同时也进一步提高弹性极限、屈强比与耐热性。另外，弹簧钢的纯度对其疲劳强度有很大影响，因此，对承受较高应力的合金弹簧钢来说，其硫的质量分数应小于 0.02%。

（2）常用的合金弹簧钢。常用的弹簧钢的牌号、热处理、力学性能及用途如表 6-8 所示。60Si2Mn 钢是合金弹簧钢中最常用的钢种，它具有较高的淬透性，油淬时临界淬透直径为 20～30mm；弹性极限高，屈强比（R_e/R_m=0.9）与疲劳强度也较高；工作温度一般在 230℃以下，主要用于铁路机车、汽车、拖拉机上的板弹簧、螺旋弹簧，气缸安全阀簧，以及其他承受高应力的重要弹簧。50CrVA 钢的力学性能与硅－锰弹簧钢相近，但淬透性更高，油淬临界淬透直径为 30～50 mm，因铬、钒元素能提高回火稳定性，故在 200℃时，屈服强度仍可大于 1000MPa，常用作大截面的承受应力较高或工作温度低于 400℃的弹簧。

表6-8　常用的弹簧钢的牌号、热处理、力学性能及用途

牌号	热处理		力学性能					用途举例
	淬火温度/℃（油冷）	回火温度/℃	$R_{r0.2}$/MPa	R_m/MPa	A5/%	A10/%	Z/%	
			不小于					
55Si2Mn	870	480	1177	1275		6	30	用作汽车、拖拉机、机车上的减振板簧，气缸安全阀簧，电力机车用升弓钩弹簧，止回阀簧，还可用作250℃以下使用的耐热弹簧
55SiMnVB	860	460	1226	1373		5	30	代替60Si2Mn钢制作重型、中型、小型汽车的板簧和其他中型截面的板簧和螺旋弹簧
60Si2GrA	870	420	1569	1765	6		20	用作承受高应力及工作温度在300℃～350℃以下的弹簧，如调速器弹簧、汽轮机汽封弹簧、破碎机用弹簧等
55GrMnA	830～860	460	1079	1226	9		20	用作车辆、拖拉机工业上制作载荷较重、应力较大的板簧和直径较大的螺旋弹簧
50GrVA	850	500	1128	1275	10		45	用作较大截面的高载荷重要弹簧及工作温度小于350℃的阀门弹簧、活塞弹簧、安全阀弹簧等
30W4Gr2VA	1050～1100	600	1324	1471	7		40	用作工作温度小于等于500℃的耐热弹簧，如锅炉主安全阀弹簧、汽轮机汽封弹簧等

3.5　滚动轴承钢

　　滚动轴承钢是指制造各种滚动轴承内外套圈及滚动体的专用钢。滚动轴承工作时，滚动体与内外套圈之间呈点或线接触，接触应力很大，且受变动载荷作用，因此，要求轴承钢具有很高的接触疲劳强度、足够的弹性极限、高的硬度、耐磨性及一定的韧性，此外，还要求材料具有一定的抗腐蚀能力。

　　（1）化学成分。目前最常用的滚动轴承钢是高碳铬轴承钢，其ω_C=0.95%～1.10%，以保证轴承钢具有高强度、高硬度，并形成足够的合金碳化物以提高耐磨性。主加合金元素是铬，通常铬的质量分数为ω_{Cr}=0.5%～1.5%，用于提高钢的淬透性，并使钢在热处理后形成细小均匀分布的合金渗碳体，提高钢的接触疲劳强度与耐磨性。但含铬量太高（ω_{Cr}>1.65%）时，淬火后会产生大量残余奥氏体，降低钢的硬度和尺寸稳定性，还会增加碳化物的不均匀性。对于制造尺寸较大的轴承时，在钢中还会加入一定量的硅和锰，以进一步提高淬透性和强度，同时硅还可以提高钢的回火稳定性。

　　高碳铬轴承钢对硫、磷含量限制极严（ω_S<0.02%，ω_P<0.027%），因硫、磷会形成非金属夹杂物，降低接触疲劳强度。故铬轴承钢是一种高级优质钢（但在牌号后不加"A"字）。

　　（2）常用的滚动轴承钢。常用的滚动轴承钢的牌号、化学成分、热处理、回火后硬度及用途如表6-9所示。

表6-9　常用滚动轴承钢的牌号、化学成分、热处理、回火后硬度及用途

牌号	化学成分 ω/%				热处理		回火后硬度HRC	用途举例
	C	Gr	Si	Mn	淬火温度/℃	回火温度/℃		
GGr9	1.00～1.10	0.90～1.20	0.15～0.35	0.25～0.45	810～830（水、油）	150～170	62～64	直径<20mm的滚珠、滚柱及滚针
GGr9SiMn	1.00～1.10	0.90～1.20	0.45～0.75	0.95～1.25	810～830（水、油）	150～160	62～64	壁厚<12mm、外径<250mm的套圈，直径为25～50mm的钢球，直径<22mm的滚子
GGr15	0.95～1.05	1.40～1.65	0.15～0.35	0.25～0.45	820～846（油）	150～160	62～64	与GCr9SiMn同
GGr15SiMn	0.95～1.05	1.40～1.65	0.45～0.75	0.95～1.25	820～840（油）	150～170	62～64	壁厚大于等于12mm、外径大于250mm的套圈，直径大于50mm的钢球，直径大于22mm的滚子

目前我国以高碳铬轴承钢应用最广（占 90%左右）。在高碳铬轴承钢中又以 GCr15 钢、GCr15SiMn 钢应用最多。前者用于制造中、小型轴承的内外套圈及滚动体，后者应用于较大型滚动轴承。

对于承受很大冲击或特大型的轴承，常用合金渗碳钢制造，目前最常用的渗碳轴承钢有 20Cr2Ni4 钢、20CrMo 钢等，经渗碳淬火后，表面硬度为 58～62 HRC，耐磨性好，心部具有良好的韧性。对于要求耐腐蚀的不锈钢轴承，可采用马氏体型不锈钢制造。另外，结合我国资源条件研制出了不含铬的轴承钢，如 GSiMoV 钢、GSiMnMoV 钢等，与含铬轴承钢相比，它们具有较好的淬透性、物理性能和锻造性能，但易脱碳、抗腐蚀性能较差。在化学成分上，由于 GCr15 与低铬工具钢相近，所以也用它制造形状复杂的刃具、冷冲模、冷轧辊、精密量具、机床丝杠及柴油机喷油嘴等。

4 合金工具钢

合金工具钢是在碳素工具钢的基础上，加入适量合金元素而获得的钢，按用途合金工具钢可分为合金刃具钢、合金模具钢和合金量具钢。

工具钢主要用于制造各种加工工具。工具钢分为碳素工具钢、合金工具钢和高速工具钢三类。根据合金元素的多少又可进一步分为低合金工具钢和高合金工具钢。工具钢在使用性能和工艺性能上也有许多共同的要求，如高硬度、高耐磨性。刃具若没有足够的硬度便不能进行切削加工，因为刃具、模具在应力的作用下，其形状和尺寸都会发生变化而使成形零件的形状和尺寸不符合设计要求；工具钢若没有良好的耐磨性会使其使用寿命大为下降，并且使加工或成形的零件精度的稳定性降低。当然不同用途的工具钢也有各自的特殊性能要求。例如，刃具钢除要求高硬度、高耐磨性外，还要求红硬性及一定的强度和韧性；冷作模具钢在要求高硬度、高耐磨性的同时，还要求有较高的强度和一定的韧性；热作模具钢则要求高的韧性和耐热疲劳性及一定的硬度和耐磨性；对于量具钢，在要求高硬度、高耐磨性的基础上，还要求高的尺寸稳定性。

工具钢对钢材的纯度要求较高，S、P 含量一般严格限制在 0.02%～0.03%以下，这种钢属于优质钢或高级优质钢。

4.1 合金刃具钢

合金刃具钢主要是指用来制造车刀、铣刀、钻头、丝锥、板牙等切削刃具的钢。刃具在工作时受到零件的压力，刃部与切屑之间产生强烈摩擦，使刀刃磨损并发热，切削速度越大，刃部温度越高，会使刃部硬度降低，甚至丧失切削功能，此外刃具还承受一定的冲击和振动，因此，要求刃具应具有以下性能：

- 一是高的硬度和耐磨性：一般刃具的硬度应高于 60HRC，切削某些高硬度材料时，刃具的硬度还要更高些。通常硬度越高，耐磨性越好。耐磨性直接影响刃具寿命，它不仅决定于硬度，而且与钢中碳化物的性质、数量、大小和分布状况有关。
- 二是高的热硬性：热硬性是指钢在高温下保持高硬度的能力，切削速度很高时，刃部温度可达 800℃以上，所以热硬性是刃具钢最主要的性能要求。
- 三是足够高的塑性和韧性：足够高的塑性和韧性可以避免刃具在切削过程中因冲击振动造成刃具断裂和崩刃。

（1）低合金刃具钢。

低合金刃具钢是在碳素工具钢的基础上为改进其淬透性差、淬火易变形、开裂和热硬性不足等缺陷加入少量合金元素（一般不高于 5%）发展而来的，主要用于制造尺寸精度要求较高而形状、截面较复杂，但对热硬性要求不太高的刃具，如铰刀、丝锥、板牙、轻型模具等。

1）化学成分。低合金刃具钢碳的质量分数为 0.8%～1.5%，用以保证高的硬度和耐磨性。常加入的合金元素有铬、锰、硅等，以提高钢的淬透性和回火稳定性，使钢在 200℃～300℃时仍保持高的硬度（60HRC 以上）。还有少量的钨、钒、钼等元素，可进一步改善钢的硬度和耐磨性，细化晶粒，改善韧性，提高使用寿命。

2）常用的低合金刃具钢。常用的低合金刃具钢的牌号、化学成分、热处理及用途如表 6-10 所示。

在低合金刃具钢中 9SiCr 钢和 8MnSi 钢两种钢应用最为广泛。9SiCr 钢是生产中应用最广泛的一种低合金刃具钢，它具有高的淬透性及回火稳定性，热硬性可达 250℃以上，适宜制造要求变形小的各种薄刃刃具，如丝锥、板牙、搓丝板、滚丝模等；8MnSi 钢由于不含铬，故价格较低，其淬透性、韧性和耐磨性均优于碳素工钢，一般多用于制造木工凿子、锯条等。

表 6-10　常用的低合金刃具钢的牌号、化学成分、热处理及用途

牌号	化学成分 ω/%					热处理				用途举例
	C	Mn	Si	Cr	P、S	淬火		回火		
						淬火温度/℃（油冷）	HRC	回火温度/℃	HRC	
9SiCr	0.85～0.95	0.30～0.60	1.20～1.60	0.95～1.25	≤0.03	820～860	≥62	180～200	60～62	板牙、丝锥、铰刀、搓丝板、冷冲模等
8MnSi	0.75～0.85	0.80～1.10	0.30～0.60		≤0.03	800～820	≥60			木工錾子、锯条、切削工具等
Cr06	1.30～1.45	≤0.40	≤0.40	0.50～0.70	≤0.03	780～810	≥64			外科手术刀、剃刀、刮刀、刻刀、锉刀等
Cr2	0.95～1.10	≤0.40	≤0.40	1.30～1.65	≤0.03	830～860	≥62			车刀、插刀、铰刀、钻套、量具、样板等
9Cr2	0.80～0.95	≤0.40	≤0.40	1.30～1.70	≤0.03	820～850	≥62			木工工具、冷冲模、钢印、冷轧辊等

（2）高速工具钢。

高速工具钢属于高合金钢，主要用来制作高速切削的刃具。高速钢与其他工具钢相比，其最突出的性能特点是高的热硬性，它可使刃具在高速切削时，当刃部温度上升到 600℃ 时，其硬度仍无明显下降。用它制作的刃具在使用时可以具有高的切削速度，因此称为高速钢。高速钢还具有高的硬度和耐磨性，使刃具的使用寿命成倍地提高。目前，高速钢广泛应用于制造尺寸大、形状复杂、载荷重、工作温度高的各种高速切削的刃具。高速钢的第二个性能特点是淬透性高，这种钢在空气中冷却也可得到马氏体组织，所以也称"风钢"。

1）化学成分。高速工具钢碳的质量分数为 0.7%～1.65%，可以保证形成足够的合金碳化物，淬火加热时部分碳化物溶于奥氏体，保证了马氏体的高硬度，另一部分未溶碳化物则可阻碍奥氏体晶粒长大。

高速工具钢中加入的钨、钼、铬、钒、钴等合金元素，可提高淬透性、热硬性及耐磨性。钨是提高热硬性的主要元素，它在高速钢中形成很稳定的合金碳化物（Fe_4W_2C），淬火后形成含有大量钨（及其他合金元素）的马氏体，提高了马氏体的回火稳定性；并在 560℃ 的回火过程中钨又以弥散的特殊碳化物（W_2C）析出，可造成二次硬化，使钢具有高的热硬性；未溶的合金碳化物（Fe_4W_2C）阻碍高温下奥氏体晶粒长大并提高钢的耐磨性。合金元素钼的作用与钨相同，用 1% 钼可代替 2% 钨。

铬的作用是提高钢的淬透性。在淬火加热时，铬几乎全部溶于奥氏体中，铬还提高钢的回火抗力，并在回火时析出铬的碳化物，改善耐磨性。但含铬太多会增加钢中的残余奥氏体量，降低钢的硬度，因此各类高速钢的含铬量大多在 4% 左右。

钒是提高钢的耐磨性和热硬性的重要元素之一。钒在钢中生成的碳化物很稳定，淬火加热时少量溶入奥氏体中，而大部分以碳化物的形式保留下来。钒的碳化物硬度极高（2010HV），加之颗粒细小，分布均匀，对提高钢的耐磨性有很大作用。

2）常用高速工具钢。我国的高速工具钢有钨系、钨钼系、超硬系三大类。常用的高速工具钢的牌号、热处理及用途如表 6-11 所示。

表 6-11　常用的高速工具钢的牌号、热处理及用途

牌号	热处理				用途举例
	淬火		回火		
	淬火温度/℃（油冷）	HRC	回火温度/℃	HRC	
W18Cr4V	1260～1280	≥63	550～570（三次）	63～66	制作中高速切削用车刀、刨刀、钻头、铣刀等
9W18Cr4V	1260～1280	≥63	570～580（四次）	67.5	在切削不锈钢及其他硬或韧的材料时，可显著提高刃具寿命和降低被加工零件的表面粗糙度值

牌号	热处理				用途举例
	淬火		回火		
	淬火温度/℃（油冷）	HRC	回火温度/℃	HRC	
W6Mo5Cr4V2	1210～1230	≥63	540～650（三次）	63～66	制作要求耐磨性和韧性配合的中速切削刃具，如丝锥、钻头等
W6Mo5Cr4V3	1200～1220	≥63	540～650（三次）	>65	制作要求较高耐磨性和热硬性，且耐磨性和韧性较好配合的，形状稍微复杂的刃具，如拉刀、铣刀等

W18Cr4V 钢是我国发展最早、应用最广泛的高速工具钢，它具有较高的热硬性，过热和脱碳倾向小，但碳化物较粗大，韧性较差，适用于制造一般高速切削的刃具，如车刀、铣刀、刨刀、拉刀、丝锥、板牙等，但不适于作薄刃刃具、大型刃具及热加工成型刃具。

W6Mo5Cr4V2（6-5-4-2）钢是用钼代替了部分钨而形成的钨钼系高速工具钢。由于钼的碳化物细小，从而使钢具有较好的韧性。另外，W6Mo5Cr4V2 钢中碳及钒含量较高，提高了耐磨性，但热硬性比 W18Cr4V 钢略差，过热与脱碳倾向较大。它适宜制造耐磨性和韧性具有较好配合的刃具，尤其适宜轧制等加工成型的薄刃刃具（如麻花钻等）。W18Cr4V2Co8、W18Cr4V2Al 是我国研制的含钴、铝类超硬系高速工具钢。这种钢硬度可达 68～70HRC，红硬性达 670℃。但含钴高速工具钢脆性大，易脱碳，不适宜制造薄刃刃具，一般用作特殊刃具，用来加工难切削的金属材料，如高温合金、高强度钢、钛合金及奥氏体型不锈钢等。铝的作用与钴相似，但含铝高速工具钢韧性优于含钴高速工具钢，且价格便宜。含铝高速工具钢适用于加工合金钢，但加工高强度钢时，不如含钴高速工具钢。

4.2　合金模具钢

模具钢是用于制造模具的钢种。根据工作条件的不同，模具钢分为冷作模具钢、热作模具钢和塑料模具钢等。

（1）冷作模具钢。

冷作模具钢是指用于制造在冷态下变形或分离的模具用钢，如冷冲模、冷镦模、冷挤压模、拉丝模和滚丝模等。由于冷作模具在工作时，刃口部位承受很大的压力、弯曲力和冲击力，模具与坯料之间有强烈的摩擦，因此，冷作模具钢的性能要求与刃具钢相似，要求具有高强度、高硬度、足够的韧性和良好的耐磨性。对于高精度的模具要求热处理变形小，以保证模具的加工精度，大型模具还要求具有良好的淬透性。

1）化学成分。冷作模具钢的化学成分与低合金刃具钢和高速工具钢相似，具有较高的碳的质量分数，一般碳的质量分数在 1.0% 以上。加入的合金元素主要有铬、钼、钨、钒等，以提高淬透性、耐磨性和回火稳定性。钼和钒除改善钢的淬透性和回火稳定性外，还起到细化晶粒、改善碳化物的不均匀性的作用。

2）常用的冷作模具钢。常用冷作模具钢的牌号、交货状态、热处理及用途如表 6-12 所示。

表 6-12　常用冷作模具钢的牌号、交货状态、热处理及用途

牌号	交货状态（退火）HBW	热处理		用途举例
		淬火温度/℃（油冷）	HRC 不小于	
Cr12	217～269	950～1000	60	用于制作耐磨性高、尺寸较大的模具，如冷冲模、冲头、钻套、量规、螺纹滚丝模、拉丝模、冷切剪刀等
Cr12MoV	207～255	950～1000	58	用于制作截面较大、形状复杂、工作条件繁重的各种冷作模具及螺纹搓丝板、量具等
Cr4W2MoV	≤269	960～980	60	可代替 Cr12Mo 钢、Cr12 钢，用于制作冷冲模、冷挤压模、搓丝板等
Cr4WMn	207～255	800～830	62	用于制作淬火要求变形很小、长而形状复杂的切削刀具，如拉刀、长丝锥及形状复杂、高精度的冷冲模
6W6Mo5Cr4V	≤269	1180～1200	60	用于制作冲头、冷作凹模等

- 低合金冷作模具钢。这类钢的优点是价格便宜，加工性能好，能基本上满足模具的工作要求。其中应用较广泛的钢有 9Mn2V 钢、9SiCr 钢、CrWMn 钢和 GCr15 钢等，与碳素工具钢相比，低合金模具钢具有较高的淬透性、较好的耐磨性和较小的淬火变形，因其回火稳定性较好而可在稍高的温度下回火，故综合力学性能较佳。常用来制造尺寸较大、形状较复杂、精度较高的模具。

- Cr12 型冷作模具钢。Cr12 型模具钢是目前较常用的冷作模具钢，相对于碳素工具钢和低合金工具钢来说，这类钢具有更高的淬透性、耐磨性和强度，且淬火变形小，广泛用于尺寸大、形状复杂、精度高的重载冷作模具。常用的是 Cr12 钢和 Cr12MoV 钢。Cr12 钢中碳的质量分数高达 2.0%～2.3%，属莱氏体钢，具有优良的淬透性和耐磨性（比低合金冷作模具钢高 3～4 倍），因碳的质量分数高、韧性较差；Cr12MoV 钢中碳的质量分数较 Cr12 低，$\omega_C = 1.45\%～1.7\%$，并加入合金元素钼、钒，除可进一步提高回火稳定性外，还起到细化组织、改善韧性的作用。

- 高碳中铬型冷作模具钢。高碳中铬冷作模具钢是针对 Cr12 型高铬模具钢的碳化物多而粗大且分布不均匀的缺点发展起来的，典型的钢种有 Cr4W2MoV 钢、Gr6WV 钢、Cr5MoV 钢。此类钢的碳的质量分数进一步降至 1.00%～1.25%，突出的优点是韧性明显改善，且具有淬火变形小、淬透性好、耐磨性高等优点，用于代替 Cr12 型钢制造易崩刃、开裂与折断的冷作模具，其寿命大幅度提高。目前广泛用于制造载荷大、生产批量大、形状复杂、变形要求小的模具。

- 其他冷作模具钢。为适应国民经济发展的需要，近十年来国内研制和引进了一些新的冷作模具钢种，如降碳高速钢、基体钢等。这些钢除抗压性及耐磨性稍逊于高速钢或高碳高铬钢外，其强度、韧性和疲劳强度等均优于高速钢或高碳高铬钢。6W6Mo5Cr4V 属降碳减钒型钨钼系高速钢，与 W6Mo5Cr4V2 相比，含碳量降低了 50%，含钒量减少了 1%左右，是一种高强韧型高承载能力的冷作模具钢。它可以替代高碳高铬型冷作模具钢，主要用于制造易脆断或劈裂的冷挤压冲头或冷镦冲头。

65Gr4W3Mo2VNb 钢的化学成分与相应高速工具钢的正常淬火后基体组织的成分相当，因此称为基体钢。该基体钢中的碳化物数量少，颗粒细小，分布均匀。它既具有高速钢的高强度、高硬度，又有结构钢的高韧性，且淬火变形小，常用于制造重载的冷镦模、冷挤压模。由于合金元素含量低，所以成本低于相应的高速工具钢。

（2）热作模具钢。

热作模具钢是指用来制造热态（指热态下固体或液体）下对金属或合金进行变形加工的模具的钢，如制造热锻模、热挤压模、压铸等。

热作模具工作时通过挤、冲、压等迫使热金属迅速变形，模具工作时承受强烈的摩擦、较高温度和大的冲击力，另外模膛还受到炽热金属和冷却介质的交替反复作用而产生的热应力，模膛表面容易产生热疲劳裂纹。因此，要求热作模具钢在 400℃～600℃应具有较高的强度、韧性、足够的硬度和耐磨性，以及良好的淬透性、抗热疲劳性和抗氧化性，同时还要求导热性好，以避免模腔表面温度过高。

1）化学成分。热作模具钢碳的质量分数在 0.3%～0.6%，以保证足够的强度、硬度和韧性。钢中加入的合金元素为铬、镍、锰、钨、钼、钒等。铬、镍、锰的主要作用是提高淬透性、强度和抗氧化性能；钨、钼、钒的主要作用是提高热硬性、耐磨性，细化晶粒，抑制第二类回火脆性和提高钢的抗热疲劳性。

2）常用的热作模具钢。常用的热作模具钢的牌号、交贷状态、热处理及用途如表 6-13 所示。

表 6-13　常用的热作模具钢的牌号、交贷状态、热处理及用途

牌号	交贷状态（退火）HBW	热处理	用途举例
		淬火温度/℃	
5GrMnMo	197～241	820～850（油）	制作中型热锻模（边长≤300～400mm）
5GrNiMo	197～241	830～860（油）	制作形状复杂、冲击载荷大的各种大、中型热锻模（边长>400mm）
3Gr2W8V	207～255	1075～1125（油）	制作压铸模，平段机上的凸模、凹模、镶块，铜合金挤压模等
4Gr5W2VSi	≤229	1030～1050（油或空气）	可用于高速锤用模具与冲头，热挤压用模具及芯棒，有色金属压铸模等

续表

牌号	交贷状态（退火）HBW	热处理 淬火温度/℃	用途举例
3Gr2W8V	≤255	1075～1125（油）	制作压铸型、平锻机上的凸模和凹模、镶块、铜合金挤压模
4Gr5W2VSi	≤229	1030～1050（油）	可用于高速锤用模具与冲头、热挤压用模具及芯棒、非铁金属压铸型等

5CrNiMo 钢、5CrMnMo 钢是最常用的热作模具钢，它们具有较高的强度、韧性和耐磨性，优良的淬透性及良好的抗热疲劳性能。对于强度和耐磨性要求较高，而韧性要求不太高的各种中、小型热锻模尽量选用 5CrMnMo 钢；而对制造形状复杂、承受较大冲击载荷的大型或特大型热锻模可选用 5CrNiMo 钢。对于在静压下使金属变形的挤压模和压铸模，由于变形速度小，模具与炽热金属接触时间长，故对高温性能要求比热锻模高，可采用 3Cr2W8V 钢（用作挤压钢、铜合金的模具）或 4Cr5W2VSi 钢（用作挤压铝、镁合金的模具）制作。

（3）塑料模具钢。

塑料模具钢是指在加热状态下，将细粉或颗粒状塑料压制成形的模具用钢。塑料模具在工作时持续受热、受压，并受到一定程度的摩擦和有害气体的腐蚀，因此，塑料模具钢要求在 200℃时具有足够的强度和韧性，并具有较高的耐磨性和耐蚀性。

随着塑料工业的迅速发展，塑料模具钢逐渐发展成为一个体系，它涉及了从结构钢到工具钢，从碳素钢到合金钢的许多钢种。根据模具钢的强化方式或服役特性，可将塑料模具钢大体分为渗碳型塑料模具钢、预硬型塑料模具钢、整体淬硬型塑料模具钢、时效硬化型塑料模具钢、耐蚀型塑料模具钢等。

渗碳型塑料模具钢主要用于制造承受载荷较小，强度指标要求不高的塑料模具。它包括碳素渗碳钢与合金渗碳钢，钢中碳的质量分数一般在 0.1%～0.25% 范围内，退火后硬度较低，具有良好的切削加工性能，也可以采用挤压成形法制造模具。经渗碳、淬火与低温回火后，模具型腔表面获得高硬度和高耐磨性，而心部具有一定的强度和良好的韧性，同时也保证了较好的抛光性能。

预硬型塑料模具钢是为避免大、中型精密塑料模具热处理后的变形，保证模具的精度和使用性能而开发的一种塑料模具钢。这类钢的碳的质量分数一般在 0.35%～0.65% 之间，并含有一定量的铬、锰、钒等合金元素，以保证较高的淬透性，经调质处理后可获得均匀的组织和所需的硬度。3Cr2Mo（简称 P20）钢、4Cr5MoSiV1 钢、5CrNiMnMoSCa 钢主要用来制造大、中型精密塑料模具，如电视机、洗衣机壳体等的塑料模具。

整体淬硬型塑料模具钢是在模具切削加工完成后，将其整体进行一定淬火、回火处理，以获得所需要使用性能的塑料模具钢。这类钢的碳的质量分数一般在 0.7%～1.1% 之间，主要包括：碳素工具钢，如 T7A 钢、T8A 钢、T10A 钢；低合金工具钢，如 9SiCr 钢、CrWMn 钢、Cr12Mo 钢、4Cr5MoVSi 钢等。整体淬硬型塑料模具钢与渗碳型、预硬型塑料模具钢相比具有较高的硬度，较好的耐磨性、抛光性和电加工性能，但韧性低，变形和裂纹的倾向性增大。T7A 钢、T8A 钢、T10A 钢等碳素工具钢主要适合制造形状简单、尺寸不大、受力较小和变形要求不高的塑料模；9SiCr 钢、CrWMn 钢、Cr12Mo 钢等低合金工具钢适合制造形状复杂、尺寸较大和形状精度要求较高的中大型塑料模。

4.3 合金量具钢

合金量具钢是用于制造测量工件尺寸的工具（如卡尺、块规、千分尺、卡规、塞规、样板等）所使用的合金钢。量具在使用过程中主要受磨损，因而要求量具有高的硬度和耐磨性，同时还必须有高的尺寸稳定性、良好的磨削加工性能，使量具能达到较小的表面粗糙度值，形状复杂的量具还要求热处理变形小。

通常合金工具钢如 8MnSi 钢、9SiCr 钢、Cr2 钢、W 钢等都可用来制造各种量具；对高精度、形状复杂的量具，可采用微变形合金工具钢如 CrWMn 钢、CrMn 钢和滚动轴承钢 GCr15 钢制造；对形状简单、尺寸较小、精度要求不高的量具也可用碳素工具钢 T10A 钢、T12A 钢制造，或用渗碳钢（15 钢、20 钢或 15Cr 钢）制造，并经渗碳淬火与低温回火处理；对要求耐蚀的量具可用马氏体型不锈钢 7Cr17 钢、8Cr17 钢等制造；对直尺、钢皮尺、样板及卡规等量具也可采用中碳钢如 55 钢、65 钢、60Mn 钢、65Mn 钢等制造，并经高频表面淬火处理。

5 特殊性能钢

特殊性能钢是指除具有一定的力学性能外，还要求具有某些特殊物理或化学性能的钢，用来制造具有特殊性能零件的钢。特殊性能钢种类很多，机械制造行业中主要使用不锈钢、耐热钢和耐磨钢。

5.1 不锈钢

不锈钢是不锈钢和耐酸钢的统称。能抵抗大气腐蚀的钢称为不锈钢。而在一些化学介质（如酸类）中能抵抗腐蚀的钢称为耐酸钢。一般不锈钢不一定耐酸，而耐酸钢则一般都具有良好的耐腐蚀性能。

不锈钢按化学成分分为铬不锈钢、镍铬不锈钢、铬锰不锈钢等。按正火状态的金相组织分为马氏体型不锈钢、铁素体型不锈钢、奥氏体型不锈钢、奥氏体－铁素体型不锈钢及沉淀硬化型不锈钢五种类型。常用的不锈钢的类别、牌号、热处理、力学性能及用途如表 6-14 所示。

表 6-14 常用不锈钢的类别、牌号、热处理、力学性能及用途

类别	牌号	热处理				力学性能						用途举例
		退火温度/℃	固溶处理温度/℃	淬火温度/℃	回火温度/℃	R_m/MPa	R_{r02}/MPa	A/%	Z/%	K/J	HBW	
铁素体型	10Grl7	780～850（空冷或缓冷）				≥450	≥205	≥22	≥50		≤183	耐蚀性良好的通用不锈钢用于建筑装潢材料、家用电器、家庭用具
马氏体型	12Gr13	800～900（缓冷）或约 750（快冷）		950～1000（油）	700～750（快冷）	≥540	≥345	≥25	≥55	≥78	≤159	制作一般用途零件和刃具，例如螺栓、螺母、日常生活用品等
奥氏体型	12Gr18Ni9		1010～1150（快冷）			≥520	≥205	≥40	≥60		≤187	冷加工后有高的强度，用于建筑装潢材料和生产硝酸、化肥等化工设备零件

（1）铁素体型不锈钢。常用的铁素体型不锈钢中，ω_C<0.15%，ω_{Gr} = 12%～30%，属于铬不锈钢。铬是缩小奥氏体相区的元素，17%的铬可使相图中的奥氏体相区消失，获得单相的铁素体组织，即使将钢从室温加热到高温（960℃～1100℃），其组织也无显著变化。其抗大气腐蚀与耐酸能力强，具有良好的高温抗氧化性（700℃以下），特别是抗应力腐蚀性能较好，但力学性能不如马氏体不锈钢，常用于受力不大的耐酸结构和作为抗氧化钢使用，如制造化工容器和管道等。

（2）马氏体型不锈钢。马氏体型不锈钢碳的质量分数一般为 0.1%～0.4%，铬的质量分数为 12%～18%，属于铬不锈钢。马氏体型不锈钢随着钢中碳的质量分数的增加，其强度、硬度、耐磨性提高，但耐蚀性则下降。马氏体型不锈钢的耐蚀性、塑性、焊接性虽不如奥氏体、铁素体型不锈钢，但由于它具有较好的力学性能与一定的耐蚀性，故应用广泛。碳的质量分数较低的 1Cr13 钢、2Cr13 钢等钢类似调质钢，具有较高的抗大气、蒸气等介质腐蚀的能力，常作为耐蚀的结构钢使用，可用来制造力学性能要求较高，又要有一定耐蚀性的零件，如汽轮机叶片及锅炉管附件等。3Cr13 钢、3Cr13Mo 钢、7Cr17 钢等类似工具钢，由于碳的质量分数较高，耐蚀性就相对较低，用于制造医用手术工具、刃具、量具、热油泵轴等。这类钢锻造后需退火，以降低硬度，改善切削加工性能。在冲压后也需进行退火，以消除硬化，提高塑性，便于进一步加工。最终热处理一般为淬火及低温回火。

（3）奥氏体型不锈钢：奥氏体型不锈钢是目前应用最广泛的不锈钢，属镍－铬不锈钢。这类钢碳的质量分数很低，ω_C <0.15%，ω_{Cr} = 17%～19%，ω_{Ni} =8%～11%。因镍的加入，扩大了奥氏体相区而在室温下可获得单相奥氏体组织，故奥氏体型不锈钢具有较好的耐蚀性及耐热性。

奥氏体型不锈钢的主要缺点是有晶间腐蚀倾向。即将奥氏体不锈钢在 450℃～850℃保温一段时间后，在晶界处会析出碳化物$(Cr,Fe)_{23}C_6$，从而使晶界附近的 ω_{Gr}<11.7%，这样晶界附近就容易出现腐蚀，称为晶间腐蚀。这种腐蚀会促使钢晶粒间结合力严重丧失，轻者在弯曲时产生裂纹，重者可使金属完全粉碎。目前防止奥氏体

型不锈钢产生晶间腐蚀的主要方法有：①降低碳的质量分数（$\omega_C < 0.06\%$），使钢中不形成铬的碳化物；②加入能形成稳定碳化物的元素，如钛、铌等，使钢中优先形成 TiC、NbC，而不形成铬的碳化物，以保证晶界附近的含铬量；③对于含钛或铌的奥氏体型不锈钢，经固溶处理后还需进行稳定化处理，即将钢加热到 850℃～900℃，保温 4～6h 后空冷或炉冷。其目的在于使钛或铌能以碳化物形式析出，防止了晶间腐蚀。

奥氏体型不锈钢在退火状态下并非是单相的奥氏体组织，还有少量的碳化物。为了获得单相奥氏体，提高耐蚀性，需在 1100℃ 左右加热，使所有碳化物都溶入奥氏体，然后水淬快冷至室温，即可获得单相奥氏体组织，这种处理称为固溶处理。固溶处理后奥氏体型不锈钢的耐蚀性、塑性、韧性提高，但强度、硬度降低。

奥氏体不锈钢具有很高的耐蚀性、优良的塑性（$A=40\%$）、良好的焊接性及低温韧性，不具有磁性，但价格昂贵，易加工硬化（硬化后抗拉强度可由 600MPa 提高到 1200MPa～1400MPa），切削加工性较差，主要用于在腐蚀介质（硝酸、磷酸、碱等）中工作的零件、容器或管道、医疗器械以及抗磁仪表等。常用的有 1Cr18Ni9 钢、0Cr18Ni11Ti 钢等。

（4）其他类型不锈钢。奥氏体－铁素体型不锈钢是近年发展起来的新型不锈钢种，它的成分是在 $\omega_{Gr}=18\%$～26%，$\omega_{Ni}=4\%$～7% 的基础上，再根据不同用途加入锰、钼、硅等元素组合而成。双相不锈钢通常采用 1000℃～1100℃ 固溶处理，可获得铁素体+奥氏体组织。由于奥氏体的存在，降低了高铬铁素体型钢的脆性，提高了焊接性、韧性，降低了晶粒长大的倾向；而铁素体的存在则提高了奥氏体型钢的屈服强度、抗晶间腐蚀能力等。

奥氏体型不锈钢的强化途径是加工硬化，但对要求高强度的大截面零件，很难达到要求，为了解决这一问题，开发出沉淀硬化不锈钢。沉淀硬化不锈钢经热处理后可形成不稳定的奥氏体甚至马氏体组织，再经时效处理，便可沉淀析出金属间化合物（如 Ni_3Al、Fe_2Mo、Fe_2Nb 等）使金属强化。时效后，钢的抗拉强度可达 1250～1600MPa。这类钢主要用作高强度、高硬度而又耐蚀的化工机械设备及零件，如轴类、弹簧以及航空航天设备等的零件。

目前常用沉淀硬化不锈钢有：0Cr17Ni4Cu4Nb(17-4PH) 钢、0Cr17Ni7Al(17-7PH) 钢、0Cr15Ni7Mo2Al(PH15-7Mo)钢、0Cr12Mn5Ni4Mo3Al 钢等。

5.2　耐热钢

耐热钢是指在高温下具有较好的抗氧化性并兼有高温强度的钢。它主要用于制造动力机械（如内燃机、汽轮机、燃气轮机）、锅炉，石油、化工设备及航空航天设备中某些在高温下工作的零件或构件。

耐热钢按正火状态下组织的不同，可分为铁素体型钢、珠光体型钢、马氏体型钢、奥氏体型钢等。常用的耐热钢的类别、牌号、热处理、力学性能及用途如表 6-15 所示。

表 6-15　常用的耐热钢的类别、牌号、热处理、力学性能及用途

类别	牌号	热处理				力学性能						用途举例
		退火温度/℃	固溶处理温度/℃	淬火温度/℃	回火温度/℃	R_m/MPa	$R_{r0.2}$/MPa	A/%	Z/%	K/J	HBS	
珠光体型	15GrMo			900～950（空冷）	630～700（空冷）	≥440	≥295	≥22	≥60	≥12	≥179	用于大于等于 550℃锅炉受热管子、垫圈等
马氏体型	1Gr13	800～900（缓冷）或约750（快冷）		950～1000（油冷）	700～750（快冷）	≥540	≥345	≥25	≥55	≥78	≤159	用于小于 800℃抗氧化件
铁素体型	0Gr13Al	780～830（空冷或缓冷）				≥410	≥175	≥20	≥60		≥183	用于燃气轮机、压缩机叶片，淬火台架，退火箱
奥氏体型	1Gr18Ni9Ti		1000～1100（快冷）			≥520	≥205	≥40	≥50		≤187	用于加热炉炉管、燃烧室筒体、退火炉罩等。也是不锈耐蚀钢

（1）珠光体型耐热钢。这类钢的使用温度 450℃～600℃ 范围内，按碳的质量分数及应用特点可分为低碳耐热钢和中碳耐热钢。低碳珠光体型耐热钢具有优良的冷热加工性能，主要用于锅炉钢管等，常用的钢种有 12CrMn 钢、15CrMo 钢、12CrMoV 钢等。中碳珠光体型耐热钢在调质状态下使用具有优良的高温综合力学性能，主要用于耐热的紧固件、汽轮机转子、主轴、叶轮等，常用的钢种有 25Cr2MoVA 钢、35CrMoV 钢等。

（2）马氏体型耐热钢。这类钢的使用温度为 580℃～650℃。Cr13 型不锈钢在大气蒸气中，虽具有耐蚀性

和较高强度，但其碳化物弥散效果差，稳定性也低。因此向 Cr13 型不锈钢中加入钼、钨、钒、铌等合金元素，形成了 Cr13 型马氏体耐热钢，常用于制造性能要求更高的汽轮机叶片、内燃机气阀等，常用的钢种有 1Cr13Mo 钢、1Cr11MoV 钢、1Cr12Mo VNbN 钢、2Cr12NiMoWV 钢、4Gr9Si2 钢、4Gr10Si2Mo 钢等。

（3）奥氏体型耐热钢。奥氏体型耐热钢的耐热性能优于珠光体型耐热钢和马氏体型耐热钢，冷塑性变形及焊接性能较好，但切削加工性差，一般工作温度在 600℃～700℃，广泛在航空航天、舰艇、石油化工等方面用于制造汽轮机叶片、发动机汽阀等零件，常用的钢种有 0Cr18Ni11Ti 钢、1Cr18Ni9Ti 钢、4Cr14Ni14W2Mo 钢等。

5.3　耐磨钢

耐磨钢是指在巨大压力和强烈冲击载荷作用下才能发生硬化的高锰钢。耐磨钢的典型钢种是 ZGMn13 钢，它的主要成分为铁、碳和锰，$\omega_C = 1.0\% \sim 1.5\%$，$\omega_{Mn} = 11\% \sim 14\%$。碳含量较高可以提高耐磨性；高含锰量可以保证热处理后得到单相奥氏体组织。通常锰碳比（ω_{Mn}/ω_C）控制在 9～11。

由于高锰钢极易加工硬化，使切削加工困难，故大多数高锰钢零件是采用铸造成型的。

铸造高锰钢的牌号、化学成分、热处理、力学性能及用途如表 6-16 所示。

表 6-16　铸造高锰钢的牌号、化学成分、热处理、力学性能及用途

牌号	化学成分 ω/%					热处理		力学性能				用途举例
	C	Si	Mn	S	P	淬火温度/℃	冷却介质	R_m/MPa	A/%	K/J	HBW	
								不小于			不大于	
ZGMn13-1	1.00～1.50	0.30～1.00	11.00～14.00	≤0.050	≤0.090	1060～1100	水	637	20		229	用于结构简单、要求以耐磨为主的低冲击铸件，如衬板、齿板、辊套、铲齿等
ZGMn13-2	1.00～1.40	0.30～1.00	11.00～14.00	≤0.050	≤0.090	1060～1100	水	637	20	118	229	
ZGMn13-3	0.90～1.30	0.30～0.80	11.00～14.00	≤0.050	≤0.080	1060～1100	水	686	25	118	229	用于结构复杂、要求以韧性为主的高冲击铸件，如履带板等
ZGMn13-4	0.90～1.20	0.30～0.80	11.00～14.00	≤0.050	≤0.070	1060～1100	水	735	35	118	229	

高锰钢铸态组织中存在着沿奥氏体晶界析出的碳化物，使钢的性能又硬又脆，特别是冲击韧性和耐磨性较低。所以必须经过水韧处理：经 1050℃～1100℃加热保温，使碳化物全部溶入奥氏体，然后在水中快冷，防止碳化物析出，保证得到均匀单相奥氏体组织。经水韧处理后高锰钢的强度、硬度不高，而塑性、韧性良好。当这种钢在工作时，如受到强烈的冲击、压力与摩擦，则表面因塑性变形会产生强烈的加工硬化，并发生奥氏体向马氏体的转变，表面硬度可达到 50～58 HRC，从而使表层金属具有高的硬度和耐磨性，而心部仍保持原来奥氏体所具有的高韧性与塑性。当旧表面磨损后，新露出的表面又可在冲击与摩擦作用下获得新的耐磨层。

高锰钢主要用于制造在工作中受冲击和压力并要求耐磨的零件，如坦克和拖拉机的履带板、铁道道岔、碎石机锷板、挖掘机铲斗、防弹钢板等。

任务实施

合金钢的分类与应用任务实施表

情　　境						
学习任务				完成时间		
任务完成人	学习小组		组长		成员	
完成情境任务 所需的知识点						
情境任务实施 的结果						

学习情境 7　铸铁

学习目标

知识目标：掌握铸铁的分类、成分、组织、性能、用途。

能力目标：深入理解铸铁的石墨化过程与影响因素，石墨形态对铸铁性能的影响，铸铁的热处理特点，常用铸铁的牌号、组织和用途。

素质目标：养成严谨细致、一丝不苟的工作作风；培养学生的自信心、竞争意识和效率意识；培养学生的爱岗敬业、诚实守信、服务群众、奉献社会等职业道德。

子学习情境　铸铁的分类与应用

情境导入

铸铁的分类与应用工作任务单

情　　境	铸铁				
学习任务	子学习情境：铸铁的分类与应用			完成时间	
任务完成	学习小组		组长	成员	
任务要求	掌握并理解铸铁的分类与应用				

任务载体和资讯	　数控机床　发动机　暗杆楔式闸阀	**任务描述**　铸铁是指碳的质量分数在 2.11%以上的铁碳合金。工业上常用的铸铁，其碳的质量分数一般在 2.5%～4.0%范围内，它是以铁、碳、硅为主要组成元素并含有较多锰、硫、磷等杂质元素的多元合金。而在石墨化过程中，石墨化进行的程度与铸铁组织有什么关系，对铸铁又有何影响　资讯：　1. 铸铁的石墨化过程及影响因素　2. 铸铁的种类、牌号、性能及应用

资料查询情况	
完成任务小拓展	铸铁是由新生铁、废钢铁、回炉铁、铁合金等各种金属炉料进行合理搭配熔制出的。铸铁的成分主要是铁，此外还含有少量的碳、硅、锰、磷、硫，也可根据需要含有其他合金元素。

知识链接

1 铸铁概述

铸铁同钢相比，强度、塑性及韧性较低，不能采用压力加工的方法成形。但是，铸铁具有良好的铸造性能、减摩性能、减振性能、切削加工性能及较低的缺口敏感性，而且生产工艺简单，成本低廉，经合金化后还可具有良好的耐热性能和耐腐蚀性能等，所以在生产中获得了广泛的应用。

1.1 铸铁的种类

铸铁的种类很多，根据碳在铸铁中的存在形式及石墨的形态不同，可分为以下几种：

（1）白口铸铁，碳主要以渗碳体的形式存在，其断口呈银白色，所以称为白口铸铁。这类铸铁的性能硬而脆，切削加工困难，很少直接用于制造机器零件。

（2）灰铸铁，碳主要以片状石墨的形式存在，其断口呈灰色，所以称为灰铸铁。这类铸铁是目前生产中应用最广泛的铸铁。

（3）可锻铸铁，碳主要以团絮状石墨的形式存在，因其韧性较高，故称为可锻铸铁。

（4）球墨铸铁，碳主要以球状石墨的形式存在，这类铸铁的力学性能最好。

（5）蠕墨铸铁，碳主要以蠕虫状石墨的形式存在，石墨形态介于片状和球状之间。

（6）麻口铸铁，碳一部分以渗碳体的形式存在，一部分以石墨的形式存在，其断口呈灰白色相间，所以称为麻口铸铁，这类铸铁脆性较大，工业上很少使用。

1.2 铸铁的石墨化过程

碳在铸铁中的存在形式有渗碳体和石墨两种。石墨用符号 G 表示，其晶格类型为简单六方晶格，如图 7-1 所示。原子呈层状排列，同一层的原子间距较小，为 0.142nm，结合力较强；层与层之间的原子间距较大，为 0.340nm，结合力较弱，容易滑移，因此，石墨的强度、塑性、韧性极低，几乎为零，硬度仅为 3HBW。由于石墨中碳原子是依靠弱的金属键结合的，所以石墨具有不太明显的金属特性，如弱的导电性。

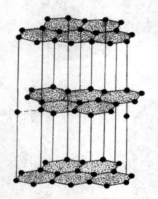

图 7-1　石墨的晶体结构

由于渗碳体在高温下可以发生分解，即

$$Fe_3C \rightarrow 3Fe+G$$

因此，石墨是稳定相，而渗碳体是亚稳定相。前述 Fe-Fe$_3$C 相图只说明了亚稳定相渗碳体的析出规律，要说明稳定相石墨的析出规律，必须使用 Fe-G 相图。为了便于比较和应用，通常将这两个相图画在一起，称为铁碳双重相图，如图 7-2 所示。图中实线表示 Fe-Fe₃C 相图，虚线表示 Fe-G 相图，凡虚线与实线重合的相界线都用实线表示，说明这些相界线与渗碳体或石墨的存在状态无关。

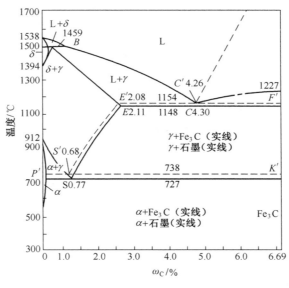

图 7-2 铁碳双重相图

由图 7-2 可见，虚线一般位于实线的上方或左上方，这表明 Fe-G 相图比 Fe-Fe₃C 相图稳定。同时，与渗碳体相比，石墨在奥氏体和铁素体中的溶解度较小。

铸铁组织中石墨的形成过程称为石墨化。铸铁的石墨化有两种方式：一种是液态铁碳合金按 Fe-G 相图进行结晶，从液态和固态中直接获得石墨；另一种是液态铁碳合金按 Fe-Fe₃C 相图进行结晶，随后 Fe₃C 在一定条件下发生分解，过程可以分为高温、中温和低温三个阶段：高温石墨化阶段是指在共晶温度以上结晶出一次石墨 G_I 和共晶转变时结晶出共晶石墨 $G_{共晶}$ 的阶段；中温石墨化阶段是指在共晶温度至共析温度范围内，从奥氏体中析出二次石墨 G_{II} 的阶段；低温石墨化阶段是指在共析温度发生共析转变时析出共析石墨 $G_{共析}$ 的阶段。

1.3 影响石墨化的因素

（1）化学成分。

化学成分是影响石墨化过程的主要因素之一，其中碳和硅是强烈促进石墨化的元素，铸铁中碳和硅的质量分数越大，石墨化过程越容易充分进行。但碳、硅的质量分数过大，会使石墨的数量增多并粗化，导致铸铁力学性能下降。为了综合考虑碳和硅的影响，通常将硅的质量分数折合成相当的碳的质量分数，并把这个碳的质量分数的总量称为碳当量，用符号 CE 表示。即

$$CE = \omega_C + \frac{1}{3}\omega_{Si}$$

调整铸铁的碳当量 CE，可以改变其组织和性能。由于共晶成分的铸铁具有最好的铸造性能，因此，在灰铸铁中一般将碳当量 CE 控制在 4% 左右。

硫是强烈阻止石墨化的元素，它不仅阻止石墨的形成，而且还会降低铁液的流动性和铸铁的力学性能，因此硫是有害元素，在铸铁中的质量分数越低越好。

锰是阻止石墨化的元素，但锰能消除硫的有害作用，间接促进石墨化，所以锰在铸铁中的质量分数要适当。

磷是弱的促进石墨化的元素，它能提高铁液的流动性，但会增加铸铁的脆性，使铸铁在冷却过程中容易产生开裂，一般磷的质量分数应严格控制。

（2）冷却速度。

冷却速度是影响石墨化过程的工艺因素。若冷却速度快，碳原子来不及充分扩散，石墨化过程难以充分进行，容易产生白口铸铁组织；若冷却速度慢，碳原子有时间充分扩散，有利于石墨化过程充分进行，容易获得灰铸铁组织。例如，薄壁铸件在成形过程中冷却速度快，容易形成白口铸铁组织；厚壁铸件在成形过程中冷却

速度慢，容易形成灰铸铁组织。

化学成分和铸件壁厚对石墨化过程的影响如图 7-3 所示。可以看出，当碳和硅的质量分数高时，薄壁铸件也能获得灰铸铁组织；当铸件的壁厚足够大时，碳和硅的质量分数低也能获得灰铸铁组织。

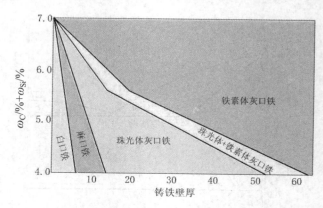

图 7-3　化学成分和壁厚对石墨化的影响

2　灰铸铁

灰铸铁是应用最广、价格最便宜的一种结构材料，在各类铸铁的总产量中灰铸铁占 80% 以上。

2.1　灰铸铁的成分、组织和性能

（1）灰铸铁的化学成分。

灰铸铁的化学成分范围一般是 $\omega_C=2.6\%\sim3.5\%$，$\omega_{Si}=1.0\%\sim2.2\%$，$\omega_{Mn}=0.5\%\sim1.3\%$，$\omega_S\leqslant0.15\%$，$\omega_P\leqslant0.3\%$。

（2）灰铸铁的显微组织。

灰铸铁是在高温阶段和中温阶段石墨化能够充分进行的情况下形成的，它的显微组织特征是片状石墨分布在各种基体组织上，如图 7-4 所示。

灰铸铁的基体组织取决于低温阶段石墨化进行的程度。若低温阶段石墨化过程能充分进行，则最终获得的组织是铁素体基体上分布片状石墨，如图 7-4（a）所示；若低温阶段石墨化过程部分进行，则最终获得的组织是铁素体+珠光体基体上分布片状石墨，如图 7-4（b）所示；若低温阶段石墨化过程完全没有进行，则最终获得的组织是珠光体基体上分布片状石墨，如图 7-4（c）所示；若低温阶段石墨化过程完全没有进行，中温阶段至高温阶段石墨化过程也仅部分进行，则最终获得的组织中除片状石墨外，还会有二次渗碳体甚至低温莱氏体存在即麻口铸铁；若各阶段石墨化过程都没有进行，铁液完全按 Fe-Fe₃C 相图进行结晶，碳全部以渗碳体形式存在即为白口铸铁。

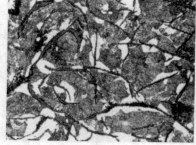

（a）铁素体灰铸铁　　　　　　　　（b）铁素体—珠光体灰铸铁　　　　　　　　（c）珠光体灰铸铁

图 7-4　灰铸铁

（3）灰铸铁的性能。

灰铸铁与钢相比含有较多的硅、锰等元素，这些元素可溶入铁素体中使基体强化，因此，灰铸铁基体的强

度、硬度较高。但因片状石墨的强度、塑性、韧性几乎为零，故片状石墨存在的地方可近似看成是微裂纹或孔洞，它不仅割断了基体的连续性，减小了承载面积，而且在石墨片尖端处会形成应力集中，而使铸铁易形成脆性断裂，所以灰铸铁的强度、塑性和韧性比相应基体的钢低得多。片状石墨的数量越多，尺寸越粗大，分布越不均匀，对基体的割裂作用和应力集中现象越严重，灰铸铁的强度、塑性和韧性越低。

由于片状石墨对灰铸铁的硬度和抗压强度影响不大，所以灰铸铁广泛用于制造受压零件，如床身、机架、箱体等。

片状石墨对灰铸铁也会产生有益影响。例如，灰铸铁具有良好的减摩性能、减振性能、切削加工性能和较低的缺口敏感性。另外，灰铸铁具有良好的铸造性能，特别适于铸造成形。

2.2　灰铸铁的孕育处理

为了提高灰铸铁的力学性能，可以适当降低其碳、硅的质量分数，控制石墨化进行的程度，保证获得以珠光体为基体的组织。但这样会增加形成白口铸铁组织的倾向，为此，在浇注前向铁液中加入少量孕育剂进行孕育处理，以改善铁液的结晶条件，从而获得在细珠光体基体上分布均匀、细小片状的石墨组织。经孕育处理后的铸铁称为孕育铸铁。

生产上常用的孕育剂是硅的质量分数为 75% 的硅铁合金或硅钙合金，这些孕育剂或它们的氧化物在铁液中形成大量的、高度弥散的难熔质点，悬浮在铁液中成为石墨的结晶核心，使石墨细化并分布均匀，从而提高了铸铁的力学性能。

孕育铸铁不仅力学性能较高，而且断面敏感性较小，因此，孕育铸铁常用于制造力学性能要求较高，截面尺寸变化较大的大型铸件。

2.3　灰铸铁的牌号及应用

灰铸铁的牌号、铸铁类别、力学性能及用途举例如表 7-1 所示。其中 HT 为"灰铁"二字汉语拼音的字首，后面三位数字为该铸铁的最小抗拉强度值。

表 7-1　灰铸铁的牌号、铸铁类别、力学性能及用途

牌号	铸铁类别	最小抗拉强度/MPa	用途举例
HT100	铁素体灰铸铁	100	适用于低载荷及不重要的零件，如外罩、盖、手把、手轮、支架、外壳等
HT150	珠光体+铁素体灰铸铁	150	适用于承受中等载荷的零件，如底座、工作台、齿轮箱、机床支柱等
HT200	珠光体灰铸铁	200	适用于承受较大载荷及较重要的零件，如机床床身、气缸体、联轴器、齿轮、飞轮、活塞、液压缸等
HT250		250	
HT300	孕育铸铁	300	适用于承受大载荷的重要零件，如齿轮、凸轮、高压油缸、床身、泵体、大型发动机曲轴、车床卡盘等
HT350		350	

2.4　灰铸铁的热处理

热处理只能改变铸铁的基体组织，不能改变石墨的形状、大小和分布情况。与钢相比，铸铁的热处理存在以下特点：铸铁中的硅有提高共析转变温度和降低临界冷却速度的作用。因此，铸铁在淬火时，加热温度应适当提高，但淬火冷却速度可以相应减慢；铸铁在热处理时，当基体组织完全奥氏体化后，继续升高温度或延长保温时间，奥氏体中碳的质量分数将因石墨的溶入而不断提高，通过控制加热温度和保温时间，可调整奥氏体中碳的质量分数，以改变铸铁在热处理后的基体组织和性能。由于实际生产条件不同，铸铁在冷却过程中的结晶方式不同，石墨化程度不同，因此，成分相同的铸铁，其原始组织有很大差别，热处理方法也因此而各不相同，例如原始组织中珠光体量多时，奥氏体可在较低温度下形成，而铁素体量多时则需要在较高温度下形成；由于石墨的导热性差，铸铁在热处理时，其加热或冷却应缓慢进行。

灰铸铁的热处理一般用于消除铸件的残留应力和白口铸铁组织，稳定铸件尺寸，提高铸件工作表面的硬度

及耐磨性。

（1）去应力退火。

铸件在冷却过程中，由于各部位冷却速度不同，容易产生残留应力，可能导致铸件的变形或开裂。为保证尺寸稳定性，防止变形或开裂，对一些形状复杂的铸件，如机床床身、气缸体、机架等，应进行消除残留应力的退火处理，即将铸件缓慢加热到500℃～600℃，保持一定时间，然后随炉缓慢冷却到200℃以下，出炉空冷。

（2）软化退火。

在铸件的表面或薄壁处，由于冷却速度较快，容易产生白口铸铁组织，硬度高，切削加工困难，需进行软化退火处理，即将铸件缓慢加热到800℃～950℃，保持一定时间（一般为1～3h），使渗碳体分解，然后随炉冷却到400℃～500℃出炉空冷。

（3）表面淬火。

表面淬火的目的是提高铸件工作表面的硬度和耐磨性。常用的表面淬火方法有火焰加热、表面淬火、高频和中频感应加热表面淬火、电接触加热表面淬火等，如对机床导轨进行中频感应加热表面淬火可显著提高其耐磨性。

3 可锻铸铁

可锻铸铁是由白口铸铁通过高温长时间的可锻化退火而获得的具有团絮状石墨的铸铁。由于可锻铸铁在钢的基体上分布着团絮状石墨，故大大削弱了石墨对基体的割裂作用。与灰铸铁相比，可锻铸铁具有较高的力学性能，特别是塑性和韧性有明显的提高。但必须指出，可锻铸铁不能进行锻造。

3.1 可锻铸铁的生产

可锻铸铁的生产过程分两步：第一步，获得白口铸铁；第二步，经高温长时间可锻化退火，使渗碳体分解出团絮状石墨。

（1）化学成分。

为保证获得白口铸铁，必须降低可锻铸铁中碳、硅的质量分数，否则，由于碳、硅的质量分数过高，强烈促进石墨化，结果在铸铁的铸态组织中将有片状石墨形成，并在可锻化退火时，从渗碳体中分解出的石墨会依附于已有的片状石墨上生成，得不到团絮状石墨，且石墨的数量增多，使铸铁的力学性能下降。若可锻铸铁中碳、硅的质量分数太低，则会造成可锻化退火困难，延长退火周期。目前，可锻铸铁的化学成分范围一般为ω_C=2.2%～2.8%，ω_{Si}=1.2%～1.8%，ω_{Mn}=0.4%～1.2%，ω_S≤0.2%，ω_P≤0.1%。

为了缩短可锻化退火周期，常在浇注前向铁液中加入少量多元复合孕育剂，进行孕育处理。孕育剂的作用是：在铁液结晶时阻止石墨化进行，保证获得白口铸铁；在进行可锻化退火时促进石墨化，缩短退火周期。

（2）可锻化退火

将白口铸铁加热到900℃～980℃，经长时间保温，使渗碳体发生分解，完成高温阶段石墨化过程，组织由原来的 A+Fe₃C 转变为 A+G，由于石墨化过程是在固态下进行的，石墨在各个方向上的长大速度相近，故呈团絮状。随后，温度缓慢下降，奥氏体的成分沿 Fe-G 相图中的 $E'S'$ 线变化，不断析出二次石墨，进入中温阶段石墨化过程。当冷却到共析转变温度区间时，以极缓慢的冷却速度冷却或在略低于共析转变温度下作长时间保温，进行低温阶段石墨化过程，最终获得在铁素体基体上分布团絮状石墨的组织，称为铁素体可锻铸铁或黑心可锻铸铁，其显微组织如图7-5（a）所示。

进行可锻化退火时，若在完成高温阶段石墨化过程后，随炉冷却到820℃～880℃，出炉空冷，最终获得在珠光体基体上分布团絮状石墨的组织，称为珠光体可锻铸铁，其显微组织如图7-5（b）所示。

3.2 可锻铸铁的牌号、力学性能及应用

常用可锻铸铁的牌号、铸铁类别、力学性能及用途如表7-2所示。其牌号由 KTH 或 KTZ 与两组数字组成，KT 为"可铁"二字汉语拼音的字首，H 和 Z 分别代表黑心可锻铸铁和珠光体可锻铸铁，第一组数字表示最小抗拉强度值，第二组数字表示最小伸长率值。

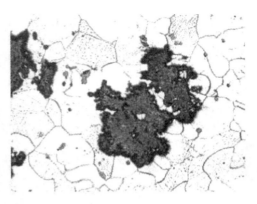
（a）铁素体可锻铸铁

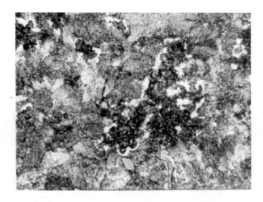
（b）珠光体可锻铸铁

图 7-5　可锻铸铁的显微组织

表 7-2　常用可锻铸铁的牌号、铸铁类别、力学性能及用途

牌号	铸铁类别	最小抗拉强度/MPa	最小伸长率/%	用途举例
KTH300-06	黑心可锻铸铁	300	6	适用于中低压阀门、管道配件等
KTH330-08		330	8	适用于车轮壳、钢丝绳接头、犁刀等
KTH350-10		350	10	适用于汽车差速器壳、前后轮壳、转向节壳、制动器、铁道零件等
KTH370-12		370	12	
KTZ450-06	珠光体可锻铸铁	450	6	适用于承受较高载荷、耐磨损且要求有一定韧性的重要零件，如曲轴、凸轮轴、连杆、齿轮、活塞环、摇臂、扳手等
KTZ550-04		550	4	
KTZ650-02		650	2	
KTZ700-02		700	2	

由表 7-2 可见，铁素体可锻铸铁具有一定的强度和较高的塑性与韧性；珠光体可锻铸铁具有较高的强度、硬度及耐磨性，但塑性与韧性较低。生产上常用可锻铸铁制造截面较薄、形状较复杂、工作时受振动而强度与韧性要求较高的零件，所以可锻铸铁在汽车、拖拉机等机械制造行业中应用广泛。

4　球墨铸铁

球墨铸铁是指在浇注前向一定成分的铁液中加入少量的球化剂和孕育剂，进行球化处理和孕育处理，使石墨呈球状析出而获得的铸铁。由于球状石墨对基体的割裂作用最小，使铸铁的力学性能和工艺性能有了明显的提高，而且还可以通过合金化或热处理来改变球墨铸铁的成分和组织，从而进一步提高其使用性能，因此，在铸铁中球墨铸铁具有最高的力学性能。

4.1　球墨铸铁的成分、组织和性能

（1）球墨铸铁的化学成分。

球墨铸铁的化学成分要求比较严格，其特点是碳、硅的质量分数高，而硫、磷的质量分数低。

由于球化剂有阻止石墨化的作用，并且使共晶点向右移动，所以球墨铸铁的碳当量一般控制在 4.3%～4.7% 的范围内。碳的质量分数过高，容易使石墨聚集在铸件的上表面，产生石墨漂浮的现象，导致性能下降，一般球墨铸铁中碳、硅的质量分数分别为 $\omega_C=3.6\%～4.0\%$，$\omega_{Si}=2.0\%～3.2\%$。

锰有去硫、脱氧的作用，并且可以稳定和细化珠光体，因此，要求珠光体基体时，$\omega_{Mn}=0.6\%～0.9\%$，要求铁素体基体时，$\omega_{Mn}<0.6\%$。

硫、磷都是有害元素，其质量分数越低越好，一般要求 $\omega_S≤0.07\%$，$\omega_P≤0.1\%$。

（2）球墨铸铁的显微组织。

球墨铸铁的显微组织特征是球状石墨分布在各种基体上。在显微镜下观察时，所看到的是这种石墨球的某

一截面,因此圆形石墨的直径大小不等。用纯镁作球化剂时,石墨的圆整度比用稀土镁合金作球化剂时好。

球墨铸铁在铸造状态下,其基体往往是有不同数量的铁素体、珠光体,甚至渗碳体同时存在的混合组织。生产上需经不同的热处理来获得不同的基体组织,常见的有铁素体球墨铸铁、铁素体+珠光体球墨铸铁和珠光体球墨铸铁等,其显微组织如图 7-6 所示。

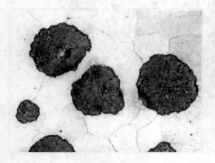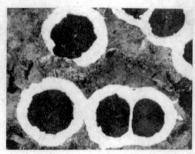

|　（a）铁素体球墨铸铁　　　　　　　（b）铁素体-珠光体球墨铸铁　　　　　　（c）珠光体球墨铸铁

图 7-6　球墨铸铁的显微组织

（3）球墨铸铁的性能。

球状石墨不仅对基体的割裂作用最小,而且所造成的应力集中现象明显下降。因此,球墨铸铁的基体强度利用率从灰铸铁的 30%～50%提高到 70%～90%,这就使球墨铸铁的抗拉强度、塑性、韧性、疲劳极限不仅高于其他铸铁,而且可与相应组织的铸钢相比。

球墨铸铁具有良好的铸造性能、减摩性能、减振性能、切削加工性能和热处理工艺性能,但球墨铸铁在生产过程中容易产生白口铸铁组织和某些铸造缺陷,所以球墨铸铁的熔炼工艺和铸造工艺要求较高。

4.2　球墨铸铁的牌号及应用

常用球墨铸铁的牌号、基体组织、力学性能及用途如表 7-3 所示。其牌号由 QT 和两组数字组成,QT 为"球铁"二字汉语拼音的字首,第一组数字表示最小的抗拉强度值,第二组数字表示最小伸长率值。

表 7-3　球墨铸铁的牌号、基体组织、力学性能及用途

牌号	基体组织	最小抗拉强度/MPa	最小伸长率/%	用途举例
QT400-18	铁素体	400	18	阀体、汽车及内燃机车零件、机床零件、差速器壳、农机具等
QT400-15	铁素体	400	15	
QT450-10	铁素体	450	10	
QT500-7	铁素体+珠光体	500	7	机油泵齿轮、铁路机车车辆轴瓦、传动轴、飞轮等
QT600-3	铁素体+珠光体	600	3	柴油机曲轴、凸轮轴、气缸体、气缸套、活塞环,部分磨床、铣床、车床的主轴、蜗轮及蜗杆、大齿轮等
QT700-2	珠光体	700	2	
QT800-2	珠光体或回火组织	800	2	
QT900-2	贝氏体或回火马氏体	900	2	汽车螺旋锥齿轮、拖拉机减速器齿轮、内燃机曲轴等

4.3　球墨铸铁的热处理

球墨铸铁的热处理工艺性能较好,凡是对钢可以进行的热处理工艺,一般都适合于球墨铸铁,而且球墨铸铁通过热处理改善性能的效果比较明显。球墨铸铁常用的热处理工艺如下:

（1）退火。退火的主要目的是得到铁素体球墨铸铁,提高其塑性和韧性,改善切削加工性能,消除残留应力。

（2）正火。正火的主要目的是得到珠光体球墨铸铁,提高其强度和耐磨性。

（3）调质。调质的目的是得到回火索氏体球墨铸铁,从而获得高的综合力学性能,以制造连杆、曲轴等综

合力学性能要求较高的零件。

（4）等温淬火。等温淬火的目的是得到下贝氏体球墨铸铁，从而获得高强度、高硬度、高韧性的综合力学性能。一般用于制造综合力学性能要求高，形状复杂，热处理时容易产生变形或开裂的零件，如凸轮轴、齿轮、滚动轴承套等。

5　蠕墨铸铁

蠕墨铸铁是 20 世纪 60 年代发展起来的一种铸铁材料，它是用一定成分的铁液经蠕化处理和孕育处理后而获得的高强度铸铁。常用的蠕化剂有稀土镁钛合金、稀土镁钙合金等，其作用主要是促使石墨结晶成蠕虫状。常用的孕育剂主要是硅的质量分数为 75% 的硅铁合金。

5.1　蠕墨铸铁的成分、组织和性能

（1）蠕墨铸铁的化学成分。

蠕墨铸铁的化学成分要求与球墨铸铁相似，即高碳、高硅、低硫和低磷。一般成分为 $\omega_C=3.5\%\sim3.9\%$，$\omega_{Si}=2.1\%\sim2.8\%$，$\omega_{Mn}=0.4\%\sim0.8\%$，$\omega_S<0.1\%$，$\omega_P<0.1\%$。

（2）蠕墨铸铁的显微组织。

蠕墨铸铁的显微组织特征是蠕虫状石墨分布在各种基体上，石墨呈短小的蠕虫状，头部较圆，形状介于片状和球状之间，如图 7-7 所示。

图 7-7　蠕墨铸铁中的石墨形态

蠕墨铸铁的显微组织有三种类型：铁素体蠕墨铸铁、铁素体+珠光体蠕墨铸铁和珠光体蠕墨铸铁。

（3）蠕墨铸铁的性能。

蠕墨铸铁是一种综合性能良好的铸铁。其力学性能介于灰铸铁与球墨铸铁之间，抗拉强度、屈服点、伸长率、疲劳极限比灰铸铁高，接近于铁素体球墨铸铁。蠕墨铸铁的导热性能、切削加工性能、铸造性能、减振性能和耐磨性能比球墨铸铁高。

5.2　蠕墨铸铁的牌号及应用

蠕墨铸铁的牌号由 RuT 和一组数字组成，RuT 为"蠕铁"二字汉语拼音的字首，后面三位数字表示其最小的抗拉强度值。常用蠕墨铸铁的牌号、基体组织、力学性能及用途如表 7-4 所示。

表 7-4　蠕墨铸铁的牌号、基体组织、力学性能及用途

牌号	基体组织	最小抗拉强度/MPa	最小伸长率/%	用途举例
RuT260	铁素体	260	3.0	汽车底盘零件、增压器、废气进气壳体等
RuT300	铁素体	300	1.5	排气管、气缸盖、液压件、钢锭模等
RuT340	铁素体+珠光体	340	1.0	飞轮、制动鼓、重型机床零件、起重机卷筒等
RuT380	珠光体	380	0.75	活塞环、制动盘、气缸套、玻璃模具等
RuT420	珠光体	420	0.75	

由于具有良好的力学性能和工艺性能，蠕墨铸铁开始在生产中广泛应用，主要用于制造受热循环载荷、组织要求致密、强度要求高、形状复杂的大型铸件，如机床的立柱、气缸盖、气缸套、排气管等。

5.3   蠕墨铸铁的热处理

蠕墨铸铁在铸造状态时，基体中有大量的铁素体。退火可以增加基体中铁素体的数量或消除铸件薄壁处的白口铸铁组织；正火可以增加基体中珠光体的数量，提高强度与耐磨性。

6   合金铸铁

常规元素硅、锰高于普通铸铁规定含量或含有其他合金元素，具有较高力学性能或某种特殊性能的铸铁，称为合金铸铁。常见的合金铸铁有耐磨铸铁、耐热铸铁、耐蚀铸铁等。

6.1   耐磨铸铁

不易磨损的铸铁称为耐磨铸铁。一般可通过加入某些合金元素在铸铁中形成一定数量的硬化相来提高其耐磨性。耐磨铸铁按其工作条件可分为减摩铸铁和抗磨铸铁两类。

减摩铸铁是指在润滑条件下工作的耐磨铸铁。它的组织为在软基体上分布着硬质点的组织，如珠光体灰铸铁，其中铁素体是软基体，渗碳体是硬质点，而片状石墨则起润滑作用。为了进一步提高珠光体灰铸铁的耐磨性，可将磷的质量分数提高到 $0.4\%\sim0.7\%$，形成高磷铸铁，主要用于制造机床导轨、气缸套、活塞环及轴承等零件。

抗磨铸铁是指在无润滑、干摩擦条件下工作的耐磨铸铁。它受到的磨损比较严重，承受的载荷比较大，因此应具有均匀的高硬度组织，如白口铸铁。但普通白口铸铁脆性较大，可通过加入铜、铬、钼、钒、硼等合金元素来提高其耐磨性，同时改善其韧性，这种铸铁称为抗磨白口铸铁，主要用于制造犁铧、轧辊及球磨机磨球等零件。

6.2   耐热铸铁

可以在高温下使用，其抗氧化或抗生长性能符合使用要求的铸铁称为耐热铸铁。铸铁在反复加热、冷却时产生体积增大的现象，称为铸铁的生长。铸铁在高温下产生的体积膨胀是不可逆的，这是由于铸铁内部发生氧化和石墨化引起的，热生长的结果是使铸件失去尺寸精度和产生微裂纹。

为了提高铸铁的耐热性能，可向铸铁中加入硅、铝、铬等合金元素，使铸铁表面在高温下能形成一层致密的 SiO_2、Al_2O_3、Cr_2O_3 等氧化膜，阻止氧化性气体渗入铸铁内部引起内氧化；这些元素还能提高铸铁的相变点，使铸铁在工作温度范围内不致发生固态相变，阻止石墨化过程的进行，从而抑制铸铁的生长和微裂纹的产生。

耐热铸铁的基体大多采用单相组织，使其在高温下不存在渗碳体分解而析出石墨的可能。石墨的形态最好呈球状，因为球状石墨往往独立分布，不致形成氧化性气体渗入的通道。因此，铁素体球墨铸铁具有较好的耐热性能。

耐热铸铁主要用于制造工业加热炉附件，如炉底板、烟道挡板、传递链构件、渗碳坩埚等。

6.3   耐蚀铸铁

耐化学、电化学腐蚀的铸铁称为耐蚀铸铁。这类铸铁不仅具有一定的力学性能，而且在酸、碱条件下有抗腐蚀能力。提高铸铁耐腐蚀性的途径主要是加入硅、铝、铬、镍、铜等合金元素，使其在铸铁表面形成一层致密稳定的保护膜。另外，合金元素还能提高铁素体的电极电位，并使铸铁获得单相基体组织，从而进一步提高铸铁的耐腐蚀能力。常用的耐蚀铸铁有高硅耐蚀铸铁、高铝耐蚀铸铁和高铬耐蚀铸铁等。目前，我国使用最广的是高硅耐蚀铸铁，这种铸铁在含氧酸类（如硝酸、硫酸）中具有良好的耐蚀性，因此，广泛用于化工机械中，如制造阀门、管件、耐酸泵等。

任务实施

铸铁的分类及用途任务实施表

情　境					
学习任务				完成时间	
任务完成人	学习小组		组长	成员	
完成情境任务 所需的知识点					
情境任务实施 的结果					

学习情境 8　有色金属

学习目标

　　知识目标：了解铜及铜合金，铝及铝合金的基本分类，各种合金的组成成分、力学性能、理化性能以及使用领域。

　　能力目标：分析合金元素对合金力学性能的影响以及不同合金的使用领域，掌握合金标号规则。培养学生获取、筛选信息和制订计划、方案及实施、检查和评价的能力；培养学生独立分析、解决问题的能力；培养学生的创造和审美能力；培养学生的团队合作、交流、组织协调的能力和责任心。

　　素质目标：养成严谨细致、一丝不苟的工作作风；培养学生的自信心、竞争意识和效率意识；培养学生的爱岗敬业、诚实守信、服务群众、奉献社会等职业道德。

子学习情境 8.1　铜及铜合金

情境导入

铜及铜合金工作任务单

情　　境	有色金属				
学习任务	子学习情境 8.1：铜及铜合金			完成时间	
任务完成	学习小组		组长		成员
任务要求	掌握纯铜及铜合金的性能、铜合金的分类、不同种类铜合金的应用领域等				

任务载体和资讯	　纯铜　黄铜　白铜　青铜	**任务描述** 　　日常生活中人们最常见的主要是工业纯铜以及黄铜，除此之外对于其他种类的铜合金了解较少，而且并不了解不同种类铜合金的组织性能 　　我国殷商时期的青铜器属于什么合金元素与铜的合金？青铜与其他种类铜合金相比有什么优缺点 资讯： 1. 常见的铜及铜合金 2. 铜及铜合金的组织性能 3. 不同种类铜合金的应用领域

资料查询 情况	
完成任务 小拓展	不同种类合金元素以及同种合金元素不同含量对铜合金的组织性能都有重要的影响。不同种类的合金元素以及不同含量的同种合金元素的铜合金性能有很大区别，应用领域也不尽相同。例如：锡青铜中锡的含量小于 6%～7%时，合金塑性好、强度较低；而锡的含量大于 6%～7%时，合金强度升高，塑性急剧下降

知识链接

1 工业纯铜

纯铜表面具有玫瑰红色，表面形成氧化亚铜 Cu_2O 膜层后呈紫色，故又称紫铜。其纯度为 99.7%～99.95%。铜具有面心立方晶格，无同素异构转变，其熔点为 1083℃，密度为 8.968g/cm³，其主要特征有：

（1）良好的导电性、导热性，其导电性仅次于银。

（2）塑性高（δ=40%～50%），能很好地进行各种冷、热压力加工。

（3）较高的耐蚀性（抗大气及海水腐蚀）。

（4）抗磁性。

纯铜的强度不高（σ_b=230MPa～240MPa）、硬度低（40～50HBW）。冷塑性变形后，可以使铜的强度 σ_b 提高到 400MPa～500MPa，而伸长率却明显下降（δ=2%～5%）。为了满足制作结构件的要求，必须制成各种铜合金。

因此，纯铜的主要用途是制作各种导电材料、导热材料及配制各种铜合金的材料。

工业纯铜分未加工产品（铜锭）和压力加工产品（铜材）两种。工业纯铜未加工产品牌号有 Cu-1、Cu-2 两种，已加工产品牌号有 T1、T2、T3、T4 四种牌号。牌号中数字越大，表示杂质含量越多，则导电性越差。

2 黄铜

黄铜是以锌为主要合金元素的铜锌合金。黄铜可按化学成分分为普通黄铜和特殊黄铜两类；又可按加工方法分为加工黄铜和铸造黄铜两类。

2.1 普通黄铜

普通黄铜是以 Zn 为主要添加元素的铜合金。黄铜的力学性能与 Zn 的质量分数有关。当 ω_{Zn}<39%时（实际生产时大多为 ω_{Zn}<32%），Zn 能完全溶解于 Cu 内形成单相 α 固溶体，称为单相黄铜，其显微组织如图 8-1 所示。单相黄铜塑性很好，适宜冷、热压力加工。若 ω_{Zn}>39%，组织中除了 α 固溶体外，还出现以化合物 CuZn 为基的 β' 固溶体，即黄铜中有 α+β' 双相组织（双相黄铜），其显微组织如图 8-2 所示。β' 相在 470℃ 以下塑性很差，但少量的 β' 对强度影响不大，因此强度仍然升高。若 ω_{Zn}>45%，铜合金组织全部为 β' 相，致使强度和塑性急剧下降，此时合金已无使用价值。

图 8-1 单相黄铜的显微组织

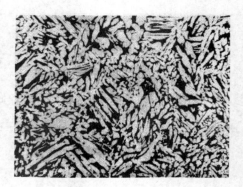

图 8-2 双相黄铜的显微组织

经冷变形加工后黄铜可获得良好的力学性能。例如 H70 退火后 σ_b=320MPa，δ=3%，但由于残余应力存在，在潮湿的大气或海水，尤其在含有氧的环境中易产生腐蚀，导致断裂，称为应力腐蚀。故应在 250℃～300℃进行去应力退火。

普通加工黄铜的牌号用"黄"字汉语拼音字首"H"与一组数字表示。数字表示合金中铜的平均质量分数，如 H70 表示 ω_{Cu}=70%，其余为 ω_{Zn} 的黄铜。H70 是典型的单相黄铜，H68 是典型的双相黄铜。

铸造黄铜在牌号前加"Z"（铸）字，如 ZCuZn38 铸造黄铜的铸性能较好，其熔点比纯铜低，且结晶温度间隔较小，使黄铜有较好的流动性，较小的偏析倾向，铸件组织致密，适宜制作形状复杂的结构零件。

2.2 特殊黄铜

为了改善黄铜的力学性能、耐蚀性能或某些工艺性能，可以在普通黄铜的基础上加入其他合金元素，所组成的多元合金称为特殊黄铜。需加入的合金元素有铅、锡、铝、锰、硅等。相应地可称这些特殊黄铜为铅黄铜、锡黄铜、铝黄铜等。

合金元素加入后，都能不同程度地提高黄铜的性能，其中 Si、Mu、Al 能提高力学性能；Al、Mn、Sn 能提高耐蚀性能；Si 和 Pb 共存时能提高耐磨性能；Pb 能提高切削性能，Fe 能细化晶粒；Ni 能降低应力腐蚀的倾向。

特殊黄铜的牌号在"H"之后标以主加元素的化学符号，并在其后标以铜及合金元素的质量分数。例如 HPb59-1 表示 ω_{Pb}=1%，余量为 ω_{Zn} 的铅黄铜。

3 青铜

青铜原来是指人类最早应用的一种 Cu-Sn 合金。但在现代工业上，除了黄铜、白铜（Cu-Ni 合金）以外的以其他元素作为主要合金元素的铜合金均称为青铜。例如铅青铜、铝青铜、硅青铜、铍青铜、钛青铜等。

3.1 锡青铜

锡青铜是以 Cu 与 Sn 为主加元素组成的铜合金，其组织和力学性能随锡的质量分数变化而变化，如图 8-3 所示。当 ω_{Sn}<6%～7%时，Sn 完全溶入 Cu 中形成面心立方 α 单相固溶体组织，塑性好；当 ω_{Sn}>6%～7%时，由于组织中出现了硬而脆的以化合物 $Cu_{31}Sn_8$ 为基的 δ 相，使强度继续升高，塑性急剧下降；当 ω_{Sn}>20%时，组织中 δ 相过多，合金强度、塑性均显著下降，故工业上使用的锡青铜的 ω_{Sn}=3%～14%；当 ω_{Sn}<6%时，适用于冷变形加工；当 ω_{Sn}=6%～8%时，适用于热变形加工；当 ω_{Sn}>10%时，锡青铜由于塑性差，只适用于铸造。

锡青铜铸造时流动性较差，成分偏析倾向较大，并易产生分散缩孔等缺陷，但冷却凝固时体积将缩小，不会形成集中缩孔，故适用于铸造外形尺寸要求较严格的铸件。

锡青铜的耐蚀性高于纯铜和黄铜，特别是在大气、海水等环境

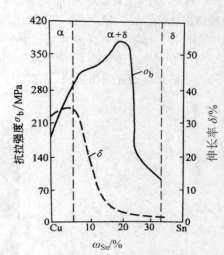

图 8-3 锡青铜力学性能与锡的质量分数关系

中，但在酸类及氨水中其耐蚀性较差。此外，锡青铜还具有良好的减摩性、抗磁性及低温韧性，适宜制造机床中滑动轴承、蜗轮、齿轮等。

3.2　铝青铜

铝青铜是以 Cu 与 Al 为主加元素组成的铜合金。其强度、耐磨性、耐蚀性及耐热性比黄铜、锡青铜都好，且价格低，还可热处理（淬火、回火）强化。铝青铜的力学性能受铝的质量分数影响很大，如图 8-4 所示。当 $\omega_{Al} < 7\%$ 时，塑性好；而当 $\omega_{Al} = 7\% \sim 10\%$ 时，强度继续升高，而塑性则开始下降。因此，实际应用的铝青铜中，$\omega_{Al} = 5\% \sim 7\%$ 的铝青铜适宜冷变形加工，而 $\omega_{Al} = 10\% \sim 12\%$ 的铝青铜则适宜铸造。铸造铝青铜常用来制造强度及耐磨性较高的摩擦零件，如齿轮、轴套、蜗轮等。

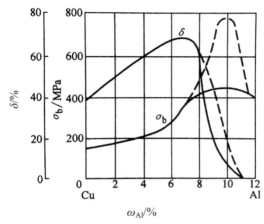

图 8-4　铝青铜力学性能与铝的质量分数关系

3.3　铍青铜

铍青铜是以 Cu 与 Be 为主加元素组成的铜合金。其 ω_{Be} 均为 $1.7\% \sim 2.5\%$，经适当时效强化后，其强度 σ_b 最高可达 1400MPa，$\delta = 2\% \sim 4\%$。

铍青铜不仅强度高、疲劳强度高，且耐热、耐蚀、耐磨等性能均优于其他铜合金，导电性和导热性优良，且有抗磁、受冲击无火花等一系列优点，主要用于制造各种精密仪器、仪表中的重要弹簧和其他弹性元件，如钟表手轮、电焊机电极、防爆工具、航海罗盘等。

铜及铜合金任务实施表

情　境						
学习任务				完成时间		
任务完成人	学习小组		组长		成员	
完成情境任务 所需的知识点						
情境任务实施 的结果						

子学习情境 8.2　铝及铝合金

情境导入

铝及铝合金工作任务单

情　　境	有色金属				
学习任务	子学习情境 8.2：铝及铝合金			完成时间	
任务完成	学习小组		组长		成员
任务要求	掌握纯铝及铝合金的性能、铝合金的分类、不同铝合金的应用领域等				
任务载体和资讯	工业纯铝　　　　　　　变形铝合金　　　　铸造铝合金			**任务描述**　铝合金在航空和汽车行业中都有广泛的应用。例如，汽车发动机有铸铁发动机和铝合金发动机，铝合金发动机相对于铸铁发动机会有什么优势 资讯： 1. 常见的铝及铝合金 2. 铝及铝合金的组织性能 3. 铝合金的热处理 4. 不同种类铝合金的应用领域		
资料查询情况					
完成任务小拓展	生活中铝合金的使用非常广泛，并且发展也非常迅速，推拉门从最早的镁铝合金发展到现在的硅铝合金。铝合金因为其强度高、质量轻的优点在航空和汽车行业中的应用比例也越来越高				

知识链接

1　工业纯铝

工业上使用的纯铝，其纯度为 99.7%～99.8%，熔点为 660℃，具有面心立方晶格，无同素异构转变，具有以下性能特点：

（1）密度小，密度仅为 $2.7g/cm^3$，大约为铁的 1/3。

（2）导电和导热性好，仅次于银、铜、金。铝的导电能力为铜的 62%。

（3）抗大气腐蚀性能好，因为在空气中，铝的表面可生成一层致密完整的 Al_2O_3 氧化膜，隔绝了空气对铝的进一步氧化，故在大气中具有良好的耐蚀性。但铝不耐酸、碱、盐的腐蚀。

（4）强度低（σ_b=80MPa～100MPa），但塑性好（$\delta\geq40\%$，ψ=80%），一般不适宜作结构材料使用，可通过

压力加工制造各种型材。

（5）无磁性、无火花，而且反射性能好，既可反射可见光，也能反射紫外线。

根据上述特点，纯铝的主要用途是代替贵重的铜合金制作导线，配制各种铝合金以及制作要求质轻、导热或耐大气腐蚀但强度要求不高的容器和器具。

工业纯铝分未压力加工产品（铝锭）和压力加工产品（铝材）两种。按 GB/T 1196－1988 规定，铝锭的牌号有 A199.7、A199.6、A199.5、A199、A198 五种。按 GB/T 16474－1996 规定，铝材的牌号有 1070、1060、1050 等（相对应旧牌号有 L1、L2、L3、L4、L5、L6 六种）。牌号中，数字越大，表示杂质的质量分数越大，故其导电性、耐蚀性及塑性越低。

2　铝合金的分类

纯铝的强度低，若加入 Si、Cu、Mn、Mg、Zn 等合金元素制成铝合金，则可以使强度提高，还可以通过形变、热处理方法使强度进一步得到强化，所以铝合金还可以制造各种机械结构零件，而且这些铝合金仍具有密度小、比强度高（即抗拉强度与密度的比值）及良好的导热性等性能。

铝合金根据成分和工艺性能的不同，可划分为变形铝合金和铸造铝合金两大类，图 8-5 所示为铝合金相图的一般类型。

2.1　变形铝合金

由图 8-5 可见，变形铝合金是指成分为 D 点以左的合金，当加热到 FD 线以上时可以得到单相固溶体。这类合金塑性较好，适宜进行压力加工，故称变形铝合金。变形铝合金又可以分为两类：

（1）不能用热处理强化的铝合金。在 F 点左边的铝合金成分在固态范围内加热、冷却均无相变，又无溶解度变化，所以它们不能用热处理方法来强化。其常用的强化方法是冷加工变形，如冷轧、压延等工艺。

（2）能用热处理强化的铝合金。当铝合金的成分在 F 点与 D 点之间时，其 α 固溶体的成分随温度而变化，能用热处理强化，故属于能用热处理强化的铝合金。

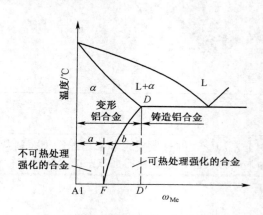

图 8-5　铝合金相图的一般类型

2.2　铸造铝合金

在 D 点右边的铝合金成分，由于有共晶组织存在，熔点低、流动性好，故适宜铸造，可制造形状复杂的零件，故称为铸造铝合金。

3　铝合金的热处理

碳的质量分数较高的钢，在淬火后其强度、硬度立即提高，而塑性急剧降低，而能用热处理强化的铝合金则不同，将其加热到 α 相区，保温后在水中冷却，其强度、硬度并没有明显升高，而塑性却得到改善，这种热处理称为固溶处理。固溶处理后的铝合金，如在室温下停留相当长的时间，它的强度、硬度会显著提高，同时塑性下降。例如，Cu 的质量分数为 4%并含有少量 Mg、Mn 元素的铝合金，在退火状态下，σ_b=180MPa～220MPa，δ=18%，经固溶处理后，其 σ_b=240MPa～250MPa，δ=20%～22%，如再经 4～5d 放置后，则强度显著提高，σ_b 可达 420MPa，而 δ 下降到 18%。

固溶处理后，铝合金的强度和硬度随时间而发生显著提高的现象，称为时效强化。在室温下进行的时效称为自然时效；在加热条件下进行的时效称为人工时效。图 8-6 所示为 ω_{Cu}=4%的铝合金经过固溶处理后，在室温下强度随时间变化的曲线。由图可知，自然时效在最初一段时间内，对合金强度影响不大，这段时间称为孕育期。在此期间对固溶处理后的铝合金可进行冷加工（如铆接、弯曲、校直等）。随着时间的延长，到 5～15h 之间强度增大很快，到 4～5d 以后，强度基本上停止变化。

铝合金时效强化的效果还与加热温度有关。图 8-7 表示不同温度下的人工时效对强度的影响。时效温度升高时效强化过程加快，即合金达到最高强度所需时间缩短。

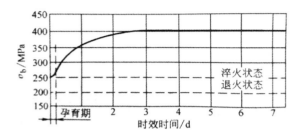
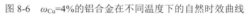
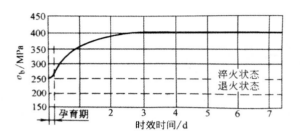

图 8-6　ω_{Cu}=4%的铝合金在不同温度下的自然时效曲线　　图 8-7　ω_{Cu}=4%的铝合金在不同温度下的人工时效曲线

如果时效温度在室温下，原子扩散不易进行，则时效过程进行很慢。例如，在−50℃以下长期放置固溶处理后的铝合金，其 σ_b 几乎没有变化。所以，在生产中，某些需要进一步加工变形的铝合金（铝合金铆钉等），可在固溶处理后于低温状态下保存，使其在需要加工变形时仍具有良好的塑性。若人工时效的时间过长（或温度过高），反而使合金软化，这种现象称为过时效。

4　变形铝合金

变形铝合金可按其主要性能特点分为防锈铝、硬铝、超硬铝及锻铝等。它们常由冶金厂加工成各种规格的型材（板、带、线、管等）产品供应市场。

4.1　防锈铝合金

防锈铝主要指 Al-Mn 系、Al-Mg 系合金。这类铝合金不能用热处理强化，只能通过冷变形方法强化，其主要合金元素是 Mn、Mg。Mn 的作用是固溶强化和提高耐蚀性，Mg 的作用是固溶强化和降低合金密度。这类铝合金的耐蚀性好，故称防锈铝，它还具有适中的强度、优良的塑性和良好的焊接性，常用来制造高耐蚀性薄板容器（如油箱）、防锈蒙皮及受力小、质量轻、耐蚀的制品与结构件（如管道、窗框、灯具等），常用牌号为 5A05。

4.2　硬铝合金

硬铝主要指 Al-Cu-Mg 系合金。这类铝合金能用热处理强化。由于加入 Cu 和 Mg 能与 Al 形成强化相（$CuAl_2$、$CuMgAl_2$），通过固溶处理+时效强化获得相当高的强度，σ_b=420MPa，其比强度与高强度钢（一般 σ_b>1000～1200MPa 的钢）相似，故称硬铝。

硬铝由于耐蚀性比纯铝差，更不耐海水腐蚀，所以硬铝材表面常包有一层纯铝，以增加其耐蚀性。如牌号为 2A01 的硬铝有很好的塑性，大量用于制造铆钉。2A11 硬铝既有相当高的硬度，又有足够的塑性，退火状态可进行冷弯、卷边、冲压。时效处理后又可大大提高其强度又有足够的韧性，常用来制造形状复杂、载荷较低的结构零件，在仪器制造中也有广泛应用。

4.3　超硬铝合金

超硬铝是指 Al-Cu-Mg-Zn 系合金。这类铝合金用热处理强化。在铝合金中，超硬铝时效强化效果最好，强度最高，σ_b 可达 600MPa，其比强度已相当于超高强度钢（一般指 σ_b>1400MPa 的钢），故名超硬铝。

由于 $MgZn_2$ 相的电极电位低，所以超硬铝的耐蚀性也较差，一般也要包铝层以提高耐蚀性。另外，耐热性也较差，工作温度超过 120℃时就会软化。

目前应用最广的超硬铝合金是 7A04 铝合金，常用于飞机上受力大的结构零件，如起落架、大梁等；在光学仪器中，用于要求质量轻而受力较大的结构零件。

4.4 锻铝合金

它是 Al-Cu-Mg-Si 系、Al-Cu-Mg-Ni-Fe 系合金，其力学性能与硬铝相似，但热塑性及耐蚀性较高，适合锻造成形，故称锻铝，常用锻铝的牌号为 2A50。

由于其热塑性好，所以锻铝主要作航空及仪表工业中各种形状复杂、要求比强度较高的锻件或模锻件，如各种叶轮、框架、支杆等。

由于 Mg_2Si 相只有在人工时效时才能起强化作用，故一般均采用固溶处理+人工时效强化。

5 铸造铝合金

与变形铝合金相比，铸造铝合金力学性能不如变形铝合金，但其铸造性能好，可进行各种成形铸造，生产形状复杂的零件。铸造铝合金的种类很多，主要有 Al-Si 系、Al-Cu 系、Al-Mg 系、Al-Zn 系等四大类，其中以 Al-Si 系应用最广泛。

铸造铝合金的牌号（代号）用"铸""铝"二字的汉语拼音字首字母"Z""L"及三位数字表示。第一位数字表示合金类别（1 为 Al-Si 系、2 为 Al-Cu 系、3 为 Al-Mg 系、4 为 Al-Zn 系）；后二位数字表示顺序号，顺序号不同，化学成分也不同。例如 ZL102 表示 2 号 Al-Si 系铸造铝合金。若为优质合金，则在牌号后面加"A"。

铝硅铸造合金俗称硅铝明，是一种应用广泛的共晶型铸造铝合金。ZL102 是应用最早的典型的硅铝明，

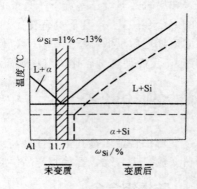

图 8-8 变质剂对 Al-Si 相图影响

ω_{Si}=11%～13%，一般铸造所得组织几乎全部是粗大的共晶体（α+ Si），其中 Si 是粗大的针状硅晶体，它使合金的力学性能严重降低。通常采用变质处理，在浇注前往液态合金中加入占合金质量 2%～3%的变质剂，则可使粗大的针状共晶硅变为细晶状硅，并且使 Al-Si 相图共晶点右移（如图 8-8 所示），得到细小的共晶体（α+ Si）加上初生 α 固溶体的亚共晶组织（α+Si）+α（如图 8-9 所示），力学性能显著提高，由 σ_b=140MPa，δ=3% 提高到 σ_b=180MPa，δ=8%。

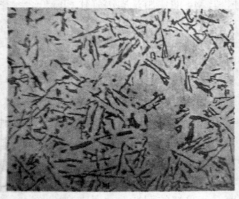

（a）未变质处理（100×）

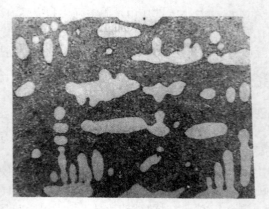

（b）变质处理（100×）

图 8-9　Al-Si 二元合金的铸态组织

铸造铝合金一般用来制造质量轻、耐蚀、形状复杂及有一定力学性能的铸件，如发动机气缸体、手提电动或风动工具（手电钻、风镐）以及仪表外壳。

　　为了进一步提高铝硅合金强度，可在合金中加入能产生时效强化的 Cu、Mg、Mn 等合金元素，在变质处理后还可以进行固溶处理+时效处理，使其具有较好耐热性和耐磨性，这种处理后的铝硅合金是制造内燃机活塞的材料。

铝及铝合金任务实施表

情　境						
学习任务				完成时间		
任务完成人	学习小组		组长		成员	
完成情境任务 所需的知识点						
情境任务实施 的结果						

学习情境 9　非金属材料

**学习目标**

知识目标：了解高分子材料、陶瓷材料和复合材料的基本分类，各种材料的组成成分、力学性能、理化性能以及应用领域。

能力目标：分析各种非金属材料的分类，掌握各种材料的性能特点，熟悉各种材料的应用领域。培养学生获取、筛选信息和制订计划、方案及实施、检查和评价的能力；培养学生独立分析、解决问题的能力；培养学生的创造和审美能力；培养学生的团队合作、交流、组织协调的能力和责任心。

素质目标：养成严谨细致、一丝不苟的工作作风；培养学生的自信心、竞争意识和效率意识；培养学生的爱岗敬业、诚实守信、服务群众、奉献社会等职业道德。

子学习情境 9.1　高分子材料

情境导入

高分子材料工作任务单

情　　境	非金属材料				
学习任务	子学习情境 9.1：高分子材料			完成时间	
任务完成	学习小组		组长		成员
任务要求	掌握高分子材料的分类、性能及不同种类高分子材料的应用领域				

任务载体和资讯	 塑料　　　　　 橡胶  胶粘剂　　　　 尼龙纤维	**任务描述** 高分子材料有很多种，按来源可分为天然高分子材料和合成高分子材料；按特性可分为橡胶、纤维、塑料、高分子胶粘剂和高分子涂料等；按用途分为普通高分子材料和功能高分子材料 橡胶作为高分子材料的一种，在生活中有广泛的应用。例如汽车的轮胎、帆布鞋的橡胶底等。被如此广泛应用的橡胶具有哪些性能特点 资讯： 1. 高分子材料的概念 2. 高分子材料的不同组成及种类

	3. 不同种类高分子材料的性能特点
	4. 高分子材料的应用领域
资料查询情况	
完成任务小拓展	橡胶的分子链可以交联，交联后的橡胶受外力作用发生变形时，具有迅速复原的能力，并具有良好的物理力学性能和化学稳定性。现在年轻人特别喜欢穿的万斯和匡威品牌的帆布鞋就是通过橡胶的硫化技术对橡胶鞋底进行分子链交联处理，经硫化交联处理的橡胶具有弹性好、化学稳定性好等优点，从而使两种品牌的帆布鞋穿起来特别舒适而受到广大年轻人的欢迎

知识链接

高分子材料是由相对分子质量在 10000 以上的化合物构成的材料，它是以聚合物为基本组分的材料，所以又称聚合物材料或高聚物材料。高分子材料的相对分子质量虽然很大，但化学组成并不复杂，一般都是由一种或几种简单的低分子重复而成。

高分子材料按来源分为天然高分子材料和合成高分子材料；按材料特性分为橡胶、纤维、塑料、高分子胶粘剂、高分子涂料和高分子基复合材料等；按材料用途分为普通高分子材料和功能高分子材料。

高分子材料的性能由其结构决定，通过对结构的控制和改性可获得不同特性的高分子材料，其独特的结构和易改性、易加工等特点，使其具有其他材料无法比拟、不可取代的优异性能，从而广泛用于科学技术、国防建设和国民经济各个领域，并成为现代生活各个方面不可缺少的材料。

1　塑料

塑料的品种很多，产量较大的是聚氯乙烯、聚乙烯、聚苯乙烯、酚醛塑料和氨基塑料等通用塑料，主要应用于日常生活用品和包装材料。

1.1　塑料的组成

塑料是以高分子量的合成树脂为主要成分的人工合成材料，如果按照其力学状态来定义，凡在室温下处于玻璃状态的高聚物均可称为塑料。塑料制品在汽车上的应用已经非常普遍，而且还不断有更环保、更高性能的塑料被研制出来取代原来的材料。

除个别塑料由纯树脂组成外，大多数塑料是由合成树脂和添加剂组成的。

（1）树脂。

树脂的相对分子质量是不固定的，它是在常温下呈固态、半固态或半流动态的有机物质，在受热时，树脂能软化或熔融，在外力作用下可呈塑性流动状态。树脂可分为天然树脂和合成树脂两大类。合成树脂是由人工合成的一类高分子量的聚合物的总称，又称聚合物或高聚物，简称树脂，它是塑料的主要成分，约占塑料全部组分的 40%～100%。

塑料与树脂的区别是树脂是指加工前的原始聚合物，塑料则指加工后的一种合成材料及制品。合成树脂在制造塑料时，为了便于加工或改善性能，常添加各种助剂，有时也直接加工成形，因此合成树脂通常是塑料的同义词，在实际应用中常和塑料这个术语通用。

（2）添加剂。

添加剂的主要作用是改善塑料的使用性能、成型加工性能和降低生产成本等。常见的添加剂如下。

1）填充剂。加入填充剂的目的主要是调整塑料的性能、提高机械强度、节约树脂用量、降低塑料制品的成本，如加入铝粉可提高塑料对光的反射能力及防止老化，加入石墨可以改善塑料的力学性能等。通常填充剂的用量可达 20%～50%。

2）增塑剂。加入增塑剂的目的是提高树脂的可塑性和柔韧性，并使热变形降低，例如，聚氯乙烯塑料中加入邻苯二甲酸一丁酯，可使塑料变得柔软而有弹性。

3）稳定剂。稳定剂的作用主要是提高树脂在受热或光作用时的稳定性，减慢老化速度，延长塑料使用期。

4）着色剂。加入着色剂可使塑料具有各种鲜艳、美观的颜色。常用有机染料和无机颜料作为着色剂。

5）润滑剂。能改善塑料在加工成型时的流动性和脱模性的物质称为润滑剂，其作用是在塑料成型过程中附在材料表面以防止黏着设备和模具，增加流动性，同时使塑料制品表面光亮美观。

6）抗氧化剂。抗氧化剂的作用是防止塑料在加热成型或在高温使用过程中受热氧化，而使塑料变黄、发裂等。

7）固化剂。与树脂中的不饱和键或反应基团起作用而使树脂固化的物质称为固化剂，又称硬化剂。固化剂种类很多，主要包括用于环氧树脂的胺类、酸酐类、聚酯类等。

8）阻燃剂。大多数塑料是可以燃烧的，在塑料中加入含磷、氯、溴的原子基团或 SbO_2 等物质，可提高塑料的抗燃烧能力，这样的物质称为阻燃剂。

9）发泡剂。能够使塑料形成微孔结构或蜂窝状结构的物质称为发泡剂。

稳定剂和润滑剂是塑料中必须加入的添加剂，其他组分则根据塑料种类和用途的不同而有所增减。例如，聚乙烯塑料不需要加增塑剂，潮湿环境中使用的塑料制品中还应加防霉剂。

1.2 塑料的分类

按合成树脂的受热行为，塑料可分为热塑性塑料和热固性塑料。

（1）热塑性塑料。

这类塑料是以加聚或缩聚树脂为基体，加入少量稳定剂、润滑剂和填料而制成的，其分子结构是链状的线型结构。它的工艺性能特点是受热时软化或熔化，具有可塑性，可制成一定形状的制品；冷却后则凝固成形，再加热又可软化，塑制成另一形状的制品。热塑性塑料可反复再塑，其基本性能不变。

这类塑料的优点是成型工艺简便，形式多种多样，生产效率高，可以直接注射、挤压或吹塑成所需形状的制品，而且具有一定的物理力学性能；缺点是耐热性和刚性较差，最高使用温度一般只有 120℃左右，而且使用时不能超过其使用的极限温度，否则就会变形。

这类塑料无论是品种、质量，还是产量，现都已超过热固性塑料，是工程塑料中的主要材料，属于这类塑料的有聚乙烯、聚丙烯、聚氯乙烯、聚苯乙烯、ABS、有机玻璃、聚甲醛、聚酰胺、聚碳酸酯、聚苯醚、聚砜、聚芳砜、聚酰亚胺、聚苯硫醚及聚苯并咪唑等。

（2）热固性塑料。

这类塑料大多是以缩聚树脂为基料，加入填料、固化剂以及其他各种添加剂制成的，具有体型分子结构。这类塑料的基体树脂在固化前一般为相对分子质量不高的固体或黏稠液体，具有可塑性，可制成一定形状的制品，在加热、加压或固化剂、紫外光作用下则交联固化成不溶、不熔的坚硬固体。因此其工艺性能特点是在一定的温度下，经过一定时间的加热或加入固化剂后即可固化成形。固化后塑料质地坚硬、性能稳定，不再溶于溶剂中，再加热加压也不可能再度软化或熔化，受强热则分解或炭化。

这类塑料的优点是无冷流性，刚性大、硬度高、耐热性较好，不易燃烧，制品尺寸稳定；缺点是性脆、机械强度不高，必须加入填料或增强材料以改善其性能，提高强度；同时成型工艺复杂，大多数只能采取模压法、层压法，生产效率低。近年来，虽然解决了热固性塑料注射成型工艺中的问题，但需专用设备，尚未普及。

属于热固性塑料的有酚醛、氨基（包括脲醛及三聚氰胺甲醛）、环氧树脂、有机硅、不饱和聚酯及聚酰胺等。

1.3 塑料的性能特点

（1）质量轻。

一般塑料的密度为 $1.0\sim2.0g/cm^3$，仅是钢铁的 1/8～1/4，因此，用塑料制作汽车零部件可大幅度减轻汽车的自重，减小油耗。

（2）化学稳定性好。

一般的塑料对酸、碱、盐和有机溶剂都有良好的耐蚀性能，特别是聚四氟乙烯，除了能与熔融的碱金属作用外，其他的化学药品（包括王水）也难以腐蚀。因此，在腐蚀介质中工作的零件可采用塑料制作，或采用在表面喷塑的方法提高其耐蚀能力。

（3）比强度高。

所谓比强度，是指单位质量的强度。尽管塑料的强度要比金属低些，但由于塑料密度小、质量轻，因此，以等质量相比，其比强度要高，如用碳素纤维强化的塑料，它的比强度要比钢材高出两倍左右。

（4）良好的电绝缘性能。

塑料几乎都有良好的电绝缘性，可与陶瓷、橡胶和其他绝缘材料相媲美。因此，汽车电器零件广泛采用塑料作为绝缘体。

（5）优良的耐磨、减摩性。

大多数塑料的摩擦因数较小，耐磨性好，能在半干摩擦甚至完全无润滑条件下工作，所以可作为耐磨材料制造齿轮、密封圈、轴承及衬套等。

（6）良好的减振性和消声性。

塑料轴承和塑料齿轮可平稳无声地高速转动，能大大减少噪声，降低振动。

塑料的缺点主要有：与钢相比其力学性能较低、耐热性较差，一般只能在100℃以下长期工作；导热性差，其热导率只有钢的 1/600～1/200；容易吸水，塑料吸水后，会引起使用性能恶化等问题。此外，塑料还有易老化、易燃烧、温度变化时尺寸稳定性差等缺点。

1.4　塑料的应用

（1）热塑性塑料。

1）聚酰胺。聚酰胺也称尼龙或锦纶，代号为PA。根据所含碳原子数的不同，在其名称后加上不同的数字。常用的尼龙有尼龙6、尼龙66、尼龙610、尼龙1010等。

尼龙具有较高的强度和韧性，耐疲劳、耐油、摩擦因数低，并有自润滑性，耐磨性好于青铜，可代替青铜。尼龙的吸水性较大，因此会影响尺寸稳定性。它主要用于制作一般机器零件、减摩耐磨传动件，如轴承、齿轮等。

2）ABS 塑料。ABS 塑料具有较好的综合性能，耐冲击性、耐蚀性、绝缘性好，易成型和机械加工，主要用于制造齿轮、轴承、把手、仪表盘、装饰板等。

3）有机玻璃。有机玻璃的代号为 PMMA，透光性好，强度较高，耐蚀性和绝缘性好，易成型，但性脆，表面易擦毛，主要用作透明件和装饰件，如飞机座舱盖、仪表灯罩、光学镜片、防弹玻璃、设备防护罩和仪表外壳等。

4）聚四氟乙烯。聚四氟乙烯具有优良的耐蚀性，耐老化，绝缘性好，自润性好，阻燃性好，但机械强度低，易蠕变，尺寸稳定，主要用于制作减摩密封圈、化工机械中的耐蚀件和处于高频或潮湿环境中的绝缘材料，如化工管道、泵、电气设备和隔离防护屏等。

（2）热固性塑料。

1）酚醛塑料。酚醛塑料具有强度高、硬度高的特点，用玻璃布增强的层压酚醛塑料的强度可与金属媲美，称为玻璃钢。酚醛塑料主要用于制作齿轮、制动片、滑轮、开关壳及插座等零件。

2）环氧塑料。环氧塑料的比强度高，耐热性、耐蚀性、绝缘性及加工成型性好，但价格贵，主要用于制作模具、精密量具、电气及电子元件等重要零件。

近年来，塑料在汽车中的用量迅速上升。目前，发达国家已经将汽车用塑料量的多少作为衡量汽车设计和制造水平的一个重要标志。

2　橡胶

橡胶的特点是在很宽的温度（−40℃～150℃）范围内具有高弹性，还有较好的抗撕裂、耐疲劳特性，在使用中经多次弯曲、拉伸、剪切和压缩不受损伤，还具有不透水、不透气、耐酸碱和绝缘等性能，汽车上有许多零件是由橡胶制造的，如风扇传动带、缓冲垫、油封、制动皮碗等。

2.1　橡胶的组成

橡胶主要以生胶为原料，加入适量的配合剂而制成。

（1）生胶（生橡胶）。

生胶是橡胶工业的主要原料，按其来源可分为天然橡胶和合成橡胶两种。

1）天然橡胶。从热带橡胶树上采集的乳胶，经凝固、干燥、加压等工序制成的一种高弹性材料称为天然橡胶。加工后的天然橡胶通常呈片状固体，其单体为异戊二烯。

2）合成橡胶。合成橡胶主要是以煤、石油和天然气为原料用化学合成方法获得的。按其性质和用途，分为通用合成橡胶和特种合成橡胶两大类。通用合成橡胶的性能与天然橡胶相近，物理性能、力学性能和加工性能较好。特种合成橡胶具有某种特殊性能，如耐寒、耐热、耐油及耐化学腐蚀等。

由于生胶的分子结构多为线型或带有支链型的长链分子，其性能不稳定，受热发黏、遇冷变硬，只能在5℃～35℃的范围内保持弹性，而且强度低、耐磨性差、不耐溶剂，故生胶一般不能直接用来制造橡胶制品。

（2）配合剂。

为了制造可以使用的橡胶制品，改善橡胶的工艺性能和降低制品成本，需要在生胶中加入其他辅助化学组分，这些组分称为配合剂。按照在橡胶中所起的作用，配合剂可以分为硫化剂、硫化促进剂、硫化活性剂、防焦剂、防老化剂、增强填充剂、软化剂、着色剂及其他配合剂。

1）硫化剂。硫化剂的作用是通过化学反应，使橡胶的卷曲分子链形成立体网状结构，将塑性的生胶变为具有一定强度、韧性的高弹性硫化胶。常用的硫化剂有硫黄、含硫化合物、硒、过氧化物等。

2）硫化促进剂。硫化促进剂的作用是降低硫化温度、加速硫化过程。常用的硫化促进剂包括胺类、胍类、秋兰姆类、噻唑类及硫脲类等化学物质。

3）硫化活性剂。硫化活性剂的作用是加速发挥有机促进剂的活性。常用的硫化活性剂有金属氧化物、有机酸和胺类。

4）增强填充剂。增强填充剂的作用是提高橡胶的力学性能，改善其工艺性能，降低成本。常用的增强填充剂有炭黑陶土、碳酸钙、硫酸钡、氧化硅及滑石粉等。

5）防焦剂。防焦剂的作用是使生胶在加工过程中不发生早期硫化现象，提高加工操作过程中的安全性。

6）防老化剂。防老化剂的作用是延缓或抑制橡胶的老化过程，延长橡胶的使用寿命或存储期。常用的防老化剂有苯胺、二苯胺等。

7）软化剂。软化剂也称为增塑剂，其作用是改善橡胶的塑性，降低硬度，提高耐寒性。常用的有松香、凡士林、石蜡和硬脂酸等。

8）着色剂。着色剂用来使橡胶制品着色，常用的有钛白、丹红、锑红、镉钡黄和铬青等颜料。

除上述几类配合剂以外，对于一些特殊用途的橡胶，还配有专用的发泡剂、硬化剂、溶剂等。在制作橡胶制品时，还会采用天然纤维、人造纤维、金属材料等制成骨架，增加橡胶制品的强度，防止变形。

2.2　橡胶的分类

（1）按照原料的来源分类。

按照原料的来源，橡胶可分为天然橡胶和合成橡胶。合成橡胶主要有七大品种：丁苯橡胶、顺丁橡胶、氯丁橡胶、异戊橡胶、丁基橡胶、乙丙橡胶和丁苯橡胶。

（2）按使用性能和环境分类。

橡胶按使用性能和环境分为通用橡胶和特种橡胶。通用橡胶主要用于生产各种工业制品和日用杂品，特种橡胶是在特殊环境（高低温、酸碱、油类、辐射等）条件下使用的橡胶。

2.3　橡胶的主要性能指标

（1）高弹性。

橡胶及橡胶制品的弹性极高，其延伸率可达500%～600%，是普通钢材的数百倍，并且开始受力时延伸率很大，同时又具有强有力的抵抗变形的能力。因此，橡胶是一种优良的减振、抗冲击材料。

（2）热可塑性。

橡胶在一定温度条件下会暂时失去弹性而转入黏流状态。在外力作用下发生变形，便于加工成不同形状和尺寸的橡胶制品，并可在外力停止作用后保持这种形状和尺寸。在橡胶中加入适当配合剂经130℃～150℃的高温加压硫化处理，经过一定时间后，其黏流便会消失，重新恢复弹性。

（3）黏着性。

橡胶具有与其他材料粘成整体而不易分离的能力。橡胶特别能与毛、棉、尼龙等材料间接地粘结在一起，如橡胶和轮胎帘线可以牢固地粘结在一起，增加轮胎的抗冲击和抗振动强度。

（4）耐热性。

橡胶具备在高温下长期使用性能不下降的特性，如发动机和排气管部件的橡胶，因辐射、传导或对流的影响，要求有较好的耐热性。

（5）耐候性。

耐候性是指橡胶在恶劣的气候环境中的适应性，如炎热地区太阳直射，寒冷地区结霜以及光化学烟雾、臭氧的环境，要求橡胶的外装件有良好的耐候性。

（6）耐油性。

耐油性是指汽车橡胶制品与矿物油系中的润滑油、润滑脂类、燃料、乙二醇等工作油接触时，不会引起橡胶性能的变化。

橡胶的主要缺点是易老化，随着使用时间的延长，橡胶会出现变色、发黏或变硬、变脆和龟裂，使用性能下降至不能使用的现象称为"老化"。橡胶老化主要是由大气中的氧化作用造成的，阳光、高温和机械变形都会使氧化作用加快、老化过程加速，为了防止橡胶老化，延长橡胶制品的寿命，在使用中应注意不要把橡胶制品和酸、碱、油类物质放一起，也不能用开水、热水长期浸泡，更不能用火烧或在阳光下暴晒。

2.4　橡胶的应用

橡胶材料在工程装备中被广泛应用于密封、防腐蚀、防渗漏、减振、耐磨、绝缘及安全防护方面。它也是汽车工业中常用的一种重要材料，一辆轿车上的橡胶件重量约占车重的 4%~5%。轮胎是汽车的主要橡胶件，目前，全世界生产的橡胶约 80%用于制造轮胎。此外，橡胶还广泛用于各种密封制品、胶管、胶带及减振配件等，主要分布在汽车车身、传动、转向、悬架、制动和电气仪表等系统内。

3　胶粘剂

能把同种或不同种的固体材料连接在一起的媒介物质称为胶粘剂，又称黏合剂或粘结剂，胶粘剂可代替传统的铆接、焊接和螺纹连接等，使各种不同材质的零件或结构件牢固地连接在一起。采用粘结工艺代替焊接是减轻结构自重的重要手段。

3.1　胶粘剂的组成

胶粘剂根据使用性能的要求，采用不同的配方，其中粘性基料是主要的组成成分，它对胶粘剂的性能起主要作用。除了粘性基料，通常还有各种添加剂，如固化剂与硫化剂、增塑剂与增韧剂、稀释剂与溶剂等，这些添加剂是根据胶粘剂的性质及使用要求来选择的。

（1）粘性基料。使胶粘剂获得良好的粘附性能，其性质和用量对胶粘剂起决定作用。常用粘性基料有环氧树脂、酚醛树脂、聚氨酯树脂、氯丁橡胶及丁腈橡胶等。

（2）固化剂或硫化剂。固化剂或硫化剂又称胶联剂或硬化剂。固化剂主要用于基料为橡胶的胶粘剂中，主要有硫、过氧化物和金属。

（3）填料。加入填料可降低成本，提高胶粘剂强度和耐热性，并降低脆性，消除制件成型应力，增加热导率，提高导电性、导磁性。常用填料有石棉纤维、玻璃纤维、瓷粉、铁粉及氧化铝等。

（4）稀释剂与溶剂。稀释剂与溶剂能降低合成胶粘剂的黏度，易流动，提高浸透力，改善其工艺性，并延长使用期限。

另外，为增加胶粘剂某些方面的使用性能还要加入其他附加剂，如在高温条件下使用的胶粘剂要加入阻燃剂，为防止胶层过快老化要加入防老化剂，为加速胶粘剂中的树脂固化和橡胶硫化反应要加入固化促进剂和硫化促进剂等。合成树脂的胶粘剂中，硫化剂主要用于基料为橡胶的胶粘剂。

3.2 胶粘剂的分类

胶粘剂的种类有很多,分类方法各异。

(1)按胶粘剂基料化学成分分类。

胶粘剂的分类如图 9-1 所示。

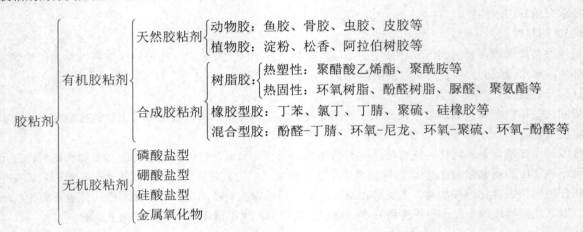

图 9-1 胶粘剂的分类

随着合成材料工业的迅速发展,合成胶粘剂因其良好的性能而得到广泛使用。目前,我国的合成胶粘剂有 300 多种,在汽车维修中常用的胶粘剂有环氧树脂、酚醛树脂、合成橡胶粘结剂等。

1)环氧树脂。环氧树脂是以环氧树脂为主,加入固化剂使其结构发生变化而形成的热固性胶粘剂,即使温度升高也不再软化和熔化,同时也不溶于有机溶剂。它与酚醛树脂胶配合使用可提高胶粘剂的耐热性及粘结强度,能在 150℃ 下长期使用。

环氧树脂具有优良的粘结强度,固化后的收缩率小,化学稳定性及绝缘性能较好,可用于金属与金属、非金属与非金属、金属与非金属等材料的粘结,又称"万能胶"。

2)酚醛树脂。酚醛树脂具有较高的粘结强度,耐热性好,但脆性大,不耐冲击。它可以单独使用,也可以与环氧树脂胶混合使用。与环氧树脂胶混合使用时,其用量为环氧树脂胶用量的 30%~40%,同时要加入增塑剂和填料。为了加快固化,可加入质量分数为 5%~6% 的乙二胺,这样既能改善耐热性,又能提高韧性。汽车的制动蹄片及离合器摩擦片可用耐热性好的酚醛树脂胶粘结。

3)合成橡胶粘结剂。这类胶除天然橡胶外,多数是将橡胶溶解在有机溶剂中配成黏稠的胶液。它能在室温下硫化,具有良好的耐老化性和耐油性,并与金属有一定的粘结力,一般可在-60℃~130℃下连续使用,也可在燃油介质中于 130℃ 以下长期使用。它的粘结力高,富有柔韧性,适用于粘结承受弯曲应力的零件、油箱衬里的涂层、机械齿轮箱面及门窗的密封条等。

(2)按胶粘剂的主要用途分类。

1)结构胶。结构胶要求必须有足够的粘结强度,用于粘结受力部件,一般要求粘结接头能够承受的应力与被粘结物自身强度基本相当。

2)非结构胶。非结构胶不要求严格的力学性能,主要用于非主要受力部件,一般称为通用胶。

3)次(准)结构胶。次(准)结构胶的粘结强度介于结构胶和非结构胶之间,它能承受一定强度的载荷。

3.3 胶粘剂的分类

粘结技术是现代科学技术的一门新技术、新工艺,具有快速、牢固、经济、节能等特点,可代替部分铆接、焊接和机械装配工艺,既节省时间、费用,又对提高产品质量和劳动生产率起很大的作用。

3.3.1 表面处理

表面处理是粘结质量的关键,不同的表面处理方法将获得不同的粘结效果。

(1)金属材料的表面处理主要对金属材料表面进行除油和除锈处理。通常采用有机溶剂清洗、碱性溶液清洗或电化学法去除表面油污;而除锈一般采用机械处理和化学处理两种方法。

对粘结接头强度要求高的零件，必须保证表面处理质量。常用水滴法检查表面处理质量，即用蒸馏水滴于被处理金属表面，若水形成连续水膜，则表明表面清洁；若水呈不连续珠状，则说明表面处理不良，需再次处理。

（2）非金属材料的表面处理方法有机械处理法、物理处理法、化学处理法、辐射接枝法和溶剂处理法等。

1）机械处理法。对塑料等高分子材料，不仅要求去除表面油污，还必须清除表面漆膜、残存涂料和脱模剂等表面残留物。

2）物理处理法。一般采用火焰、放电和等离子处理方法，因成本高，主要用于极性高分子材料。

3）化学处理法。常用的是以酸等溶液清除表面油污杂质，或用强氧化剂进行强氧化，使表面生成一层含碳等元素的极性物质，以利于粘结。

4）辐射接枝法。对于某些非极性聚合物材料，使用极性单体经辐射接枝（或放电接枝、紫外线接枝）可改善表面性质，增加极性，显著提高粘结力，但成本较高。

5）溶剂处理法。利用某些高分子材料具有在溶剂中可溶胀而不溶解的性质，进行溶胀处理后，可提高表面活性和增加分子活动能力，有利于被粘高分子材料与胶粘剂分子之间的扩散，从而提高粘结强度。

3.3.2 胶粘剂的配制与涂敷

（1）配制。胶粘剂与固化剂（或橡胶与硫化剂）的比例必须适当，搅拌充分，才能获得性能优良、分布均匀的固化产物，否则将会降低粘结效果。如环氧树脂和二乙烯三胺配制的胶粘剂，若搅拌不充分将使抗剪强度降低 1/2 左右。

（2）涂敷。选用合适的工具将胶粘剂涂敷在被粘材料表面。胶粘剂的黏度、涂敷速度和涂胶量直接影响粘结强度与粘结效果。黏度小有利于涂敷，若过小将造成胶粘剂的流失，涂敷速度应稍慢，若速度过快，吸附于被粘材料表面的气体和水分来不及排除而被覆盖，将产生隔离作用；胶粘层厚度取决于涂胶量，过厚、过薄均会影响粘结强度。每一个被粘表面均应分别涂以适当厚度的胶粘剂，这样才能保证各粘结表面的胶粘剂获得充分的润湿与扩散。

3.3.3 粘合后的处理方式

粘合后对被粘结件的处理方式对于粘结质量具有重要的作用。

（1）粘合后胶层的晾置与环境。不同特性的胶粘剂所需晾置时间与环境也不相同。

1）不含惰性溶剂的胶粘剂（如环氧树脂胶等）不需晾置。

2）需要微量潮湿环境催化、迅速聚合的胶粘剂（如 α-氰基丙烯酸酯等）的晾置时间应越短越好。

3）含有惰性溶剂的胶粘剂（如酚醛树脂胶等）应采用多层涂敷、逐层晾置的方式，即每涂一层晾置 20～30min，以保证溶剂得以充分挥发；否则，残存溶剂将降低粘结强度。

4）晾置环境的湿度越低越好，特别是对湿气敏感的胶粘剂（如聚氨酯胶、氯丁胶等）；否则，将因水汽的凝聚降低粘结强度。

5）要求高温固化的胶粘剂应按技术要求严格控制环境温度与加温时间，防止早期固化。

（2）固化方式、温度、时间及加热方法。一般采用电烘箱、红外线烘房、热风、工频或高频电流进行加热，并按要求严格控制固化温度和固化时间。

（3）加压方式。在固化过程中应对粘合件施加一定压力，使胶粘剂在压力下增强塑性流动，提高润湿效果，同时挤出其中的气体，以保证胶粘剂与粘合件的紧密结合。

3.4 胶粘剂的应用

胶粘剂可连接各种不同种类的材料，如同种金属和异种金属，以及塑料、橡胶、玻璃、陶瓷材料等，并能对异形、复杂和大面积的构件进行连接，也适用于薄形、微形构件的连接。

汽车工业使用胶粘剂已有很久的历史，过去车身板接合部密封采用焊接和刮腻子的方式，因此常产生漏风、透雨、焊缝容易生锈等质量事故。现代车身制造工艺中，凡有缝（车身板接合部位）都进行涂胶处理。汽车内饰件的复合或组合成型通常都要求采用粘结工艺，使用大量的胶粘剂。

4　纤维

4.1　纤维的分类

纤维是指长度比其直径大很多倍、有一定柔韧性的纤细物质。纤维按其组成和来源可分为天然纤维和化学纤维。

（1）天然纤维。

天然纤维是指从自然界中取得的纤维，可分为植物纤维、动物纤维和矿物纤维三大类。

（2）化学纤维。

化学纤维是以天然高分子化合物或人工合成的高分子化合物为原料，经过制备纺丝原液、纺丝和后处理等工序制得的纤维。化学纤维又分为人造纤维和合成纤维。

人造纤维又称再生纤维，它是以天然高分子化合物为原科，经过人工加工而再生制得的。其化学组成与原高聚物基本相同，包括人造植物纤维、人造蛋白纤维、人造无机纤维。

合成纤维是以石油、天然气、煤和石灰石等为原料，经过提炼和化学反应合成高分子化合物，再将其熔融或溶解后纺丝制得的，如聚酯纤维（涤纶）、聚酰胺纤维（尼龙）及聚丙烯腈纤维（腈纶）等。

4.2　合成纤维的性能特点

合成纤维主要有涤纶纤维、丙纶纤维、锦纶纤维、腈纶纤维等。目前，一些增强纤维正日益受到重视，用于各行各业中，如玻璃纤维与碳纤维。

（1）涤纶纤维的性能特点。

涤纶纤维强度不大，在湿态下强度不变；其弹性接近羊毛，当伸长率为 5%～6% 时，几乎可以完全恢复；耐皱性超过其他一切纤维，即织物不皱折、保形性好；耐热性好，在 150℃ 的空气中加热 1h 稍有变色，强度下降不超过 50%；在标准大气条件下回潮率为 0.4%～0.5%，因而电绝缘性良好，织物易于清洗；但其吸水率低，染色性差。涤纶纤维的耐光性与腈纶纤维不相上下。

（2）锦纶纤维的性能特点。

锦纶纤维强度比天然纤维高，在合成纤维中是比较高的，耐磨性优于其他一切纤维材料；较易染色，但是不及天然纤维及人造纤维；耐光性差，长期在光的照射下易变色，强度下降。

（3）丙纶纤维的性能特点。

丙纶纤维是所有合成纤维中"最年轻"的一种，耐光性和耐热性均较差。

（4）腈纶纤维的性能特点。

腈纶纤维具有毛型手感，织物轻柔；具有良好的保湿性及耐热性，在 125℃ 条件下加热 720h 强度保持不变；耐光及耐候性良好；具有较好的染色性能，染色后，颜色较羊毛更加鲜艳；具有良好的防霉、防蛀性能。

（5）玻璃纤维的性能特点。

玻璃纤维具有许多优越性，增强效果明显；产量大，价格低廉，与其他增强材料相比具有明显的优势。当前汽车主要采用 30% 的玻璃纤维增强尼龙材料和聚丙烯材料制造结构零部件。

（6）碳纤维的性能特点。

碳纤维由有机纤维在高温下烧结而成，而有机纤维是指人造丝、聚丙烯酯、沥青等。与玻璃纤维相比，其特点是弹性模量高，在湿态下的力学性能保持良好，热导率大，导电性、蠕变性差，耐磨性好，

高强度、高弹性模量的新型碳纤维的出现特别引人注目，它已进入商品化生产，在热固性增强塑料中，碳纤维已有相当规模的应用，尤其是在宇宙航空应用方面发展迅速。碳纤维增强的塑料目前也开始应用于汽车制造行业，碳纤维材料在汽车上多用于内部装饰。

5　涂装材料

涂装材料是一种流动状态或粉末状态的有机物质，可以采用不同的工艺将其涂覆在物体表面上，形成黏附

牢固、具有一定强度的连续固态薄膜。这样形成的膜通称涂膜，又称漆膜或涂层。

5.1　涂装材料的组成

涂装材料的组成包含成膜物质、颜料、溶剂和助剂四个部分。

（1）成膜物质。成膜物质是组成涂装材料的基础，它具有粘结涂料中其他组分并形成涂膜的作用，对涂装材料和涂膜的性质起着决定性作用。涂装材料的成膜物质可分为非转化型成膜物质和转化型成膜物质两大类。

非转化型成膜物质在涂装材料成膜过程中组成结构不发生变化，涂膜物质保持成膜物质的原有结构，所形成的涂膜具有热塑性，受热软化，冷却后变硬，大多具有可溶解性。属于这类成膜物质的有虫胶、硝基纤维素、氯化橡胶及过氯乙烯树脂等。

转化型成膜物质在涂装材料成膜过程中组成结构发生变化，成膜物质所具有的功能团在热、氧或其他物质的作用下能够通过交联反应聚合成与原始成膜物质组成结构不同、不熔的网状高分子化合物，即热固性高分子化合物。属于这类成膜物质的有酚醛树脂、醇酸树脂及聚氨酯树脂等。

（2）颜料。颜料是有颜色的涂装材料，即色漆的一个重要组分，颜料使涂膜具有一定的遮盖能力，以发挥其装饰和保护作用，颜料还能增强涂膜的力学性能和耐久性能，并赋予涂膜某种特殊功能，如耐腐蚀、导电等。颜料一般为微细粉末状有色物质，按其来源可分为天然颜料和合成颜料，按其化学组成可分为有机颜料和无机颜料，按其在涂料中所起的作用又可分为着色颜料、体质颜料、防锈颜料等。

（3）溶剂。溶剂的作用是将涂装材料的成膜物质溶解或分散为液态以便于施工，而施工后又能从薄膜中挥发出来，从而使薄膜形成固态的涂层，所以溶剂通常为挥发剂。水、无机化合物和有机化合物等都可用作溶剂，其中有机化合物品种最多，常用的有脂肪烃、芳香烃、醇、酯、醚、酮等，总称为有机溶剂。虽然溶剂的主要作用是将成膜物质变成液态的涂料，但它对涂料的生产、储存、施工，成膜和涂膜的性能及外观等都会产生重要的影响。

（4）助剂。助剂也称为材料的辅助成分，其作用是改善涂装材料或涂膜的某些性能。助剂的作用各不相同，对涂料生产过程发生作用的助剂有消泡剂、润湿剂、分散剂、乳化剂等，对涂料储存过程发生作用的助剂有防沉剂、防结皮剂等，对涂料施工成膜过程发生作用的助剂有催干剂、固化剂、流平剂等，对涂膜性能产生作用的助剂有增塑剂、平光剂、防静电剂等。

5.2　涂装材料的分类

涂装材料工业发展很快，品种繁多，按其主要成膜物质的不同可分为若干系列，主要有三大类：以单纯油脂为成膜物质的油性涂装材料，如清油、厚漆、油性调和漆；以油、天然树脂为成膜物质的油基涂装材料，如磁性调和漆；以合成树脂为主要成膜物质的各类涂装材料等。工业上金属设备常用涂料多以合成树脂作为主要成膜物质，主要有酚醛树脂涂装材料、醇酸树脂涂装材料、氨基树脂涂装材料、环氧树脂涂装材料和防锈涂装材料等。

5.3　涂装材料的性能特点

（1）涂装材料的适用面广，广泛应用于各种不同材质的物体表面。
（2）能适应不同性能的要求。
（3）涂装材料使用方便，一般用比较简单的方法和设备就可以进行施工。
（4）涂膜容易维护和更新，这是应用涂装材料的优越性之一。
（5）涂膜大都为有机物质，且一般涂层较薄，其装饰保护作用有一定的局限性，只能在一定的时间内发挥一定程度的作用。

5.4　涂装材料的应用

电机、变压器使用的绝缘涂装材料起绝缘作用，舰艇底部使用的防污涂装材料可防止海里生物的附着。汽车厂家对车身的防锈，涂装材料的褪色、调色、光泽度等非常重视，对涂装材料给予了特别的关注。

高分子材料任务实施表

情　境						
学习任务					完成时间	
任务完成人	学习小组		组长		成员	
完成情境任务所需的知识点						
情境任务实施的结果						

子学习情境 9.2　陶瓷

情境导入

陶瓷工作任务单

情　　境	非金属材料					
学习任务	子学习情境 9.2：陶瓷				完成时间	
任务完成	学习小组		组长		成员	
任务要求	掌握陶瓷材料的组成、分类及不同陶瓷材料的应用领域					
任务载体和资讯	普通陶瓷 特种陶瓷				**任务描述** 陶瓷主要分为普通陶瓷和特种陶瓷。我们平时所使用的瓷碗和瓷杯等都属于普通陶瓷。窑炉上使用的陶瓷材料属于耐高温陶瓷，一些切割刀具所使用的氧化铝陶瓷属于高强度、高硬度陶瓷，都属于特种陶瓷的范畴 通常我们所说的陶瓷材料到底是陶器呢，还是瓷器呢 资讯： 1. 陶瓷材料的概念 2. 陶瓷材料的不同组成及种类 3. 陶瓷材料的性能 4. 陶瓷材料的应用领域		
资料查询情况						
完成任务小拓展	所谓陶瓷其实指的是两种不同种类的材料，是陶器和瓷器的统称。陶器和瓷器并不相同，其区别主要体现在二者的烧结温度不同，烧结后成品的致密性不同。通俗来讲 700℃ 成陶，1230℃ 成瓷。瓷器几乎不吸水，致密性、耐磨性和强度等性能远高于陶器					

知识链接

1　陶瓷的组成及分类

陶瓷分为普通陶瓷和精细陶瓷两大类。

（1）普通陶瓷。

普通陶瓷称为传统陶瓷，以天然的硅酸盐矿物为原料高温烧结制成，又称硅酸盐陶瓷。其质地坚硬，有良好的抗氧化性、耐蚀性和绝缘性。普通陶瓷能耐一定高温，成本低、生产工艺简单；但结构疏松、强度较低，在一定温度下会软化，耐高温性能较差，一般最高使用温度为 1200℃ 左右。普通陶瓷产量大、品种多，广泛用于生产日用、建筑、卫生陶瓷制品以及低压和高压瓷瓶，耐酸及过滤陶瓷。

（2）精细陶瓷。

精细陶瓷又称现代陶瓷或特种陶瓷，是采用高强度、超细粉末原料，经过特殊的工艺加工得到的结构精细且具有各种功能的无机非金属材料。其在化学组成、内部结构、性能及使用效能各方面均不同于普通陶瓷，强度可与金刚石媲美，柔韧如铸铁，透明如玻璃，且敏感、智能，已成为高技术领域不可缺少的关键材料。精细陶瓷按用途可分为结构陶瓷和功能陶瓷，见表 9-1。

表 9-1　精细陶瓷的分类

结构陶瓷		功能陶瓷
氧化物陶瓷	非氧化物陶瓷	
氧化铝陶瓷 氧化锆陶瓷 氧化镁陶瓷	氮化硅陶瓷 氮化铝陶瓷 氮化硼陶瓷 碳化硅陶瓷 碳化硼陶瓷	高强度陶瓷、高温陶瓷、压力陶瓷、电介质陶瓷、半导体陶瓷、磁性陶瓷、光学陶瓷、生物陶瓷

1）结构陶瓷。结构陶瓷具有高温下强度高、耐磨性好、隔热性好、密度低和膨胀系数低等优点，用它代替耐热合金可大幅度提高热机效率，降低能耗，节约贵重金属，达到轻量化效果。它广泛用于发动机和热交换零件，特别是采用 SiN_4、SiC 的汽车柴油机活塞、气缸套、预燃烧室等零件。用于燃气轮机的结构陶瓷可使热循环的最高温度从 950℃ 升高到 1350℃，热效率提高 25%。

2）功能陶瓷。汽车电子技术的发展使功能陶瓷在汽车上的应用不断增加，尤其是陶瓷传感器的开发已成为汽车电子化的重要环节。此外，功能陶瓷还应用于各种执行元件、陶瓷加热器、导电材料及显示装置等。

2　陶瓷的特性

（1）高硬度。

大多数陶瓷的硬度比金属高得多，耐磨性好，常用做耐磨零件，如轴承、刀具等，但陶瓷的脆性大。

（2）低的抗拉强度、较高的抗压强度。

陶瓷由于内部存在大量气孔，在拉应力作用下易于扩展而导致脆断，故抗拉强度低，但受压时气孔不宜扩展，故抗压强度较高。

（3）优良的高温强度和低抗热振性。

陶瓷在高温下能保持高硬度，同时抗氧化性能好，广泛用作高温材料，但温度剧烈变化时，陶瓷易破裂，抗热振性能低。

（4）热学性能。

熔点高（2000℃ 以上）、抗蠕变性能强，热膨胀系数和热导率低，1000℃ 以上仍能保持室温性能。

（5）电学性能。

陶瓷一般是优良的绝缘体，个别特殊陶瓷具有导电性和导磁性，属于新型功能材料。

（6）化学稳定性。

陶瓷在高温下不易氧化，对酸、碱、盐有良好的耐蚀能力，还能抵抗熔融金属的侵蚀，陶瓷在高温下也能保持化学稳定性。

3　陶瓷的应用

（1）普通陶瓷。

普通陶瓷质地坚硬，不氧化生锈，不导电，耐高温，加工成形性好，成本低廉；但强度低，耐高温性能和绝缘性不如特种陶瓷。普通陶瓷产量大，广泛用于电气、化工、建筑等工业。

（2）特种陶瓷。

特种陶瓷品种多，常见的氧化铝陶瓷，强度高于普通陶瓷，硬度很高，仅次于金刚石，有很好的耐磨性。特种陶瓷主要用作内燃机的火花塞、轴承、活塞、切削刀具、纺织机上的导线器、熔化金属的坩埚和高温热电偶套管等。此外，氮化硅陶瓷、碳化硅陶瓷、氮化硼陶瓷等多用于绝缘、耐磨、耐蚀、耐高温零件。

 **任务实施**

陶瓷任务实施表

情　　境					
学习任务				完成时间	
任务完成人	学习小组		组长	成员	
完成情境任务 所需的知识点					
情境任务实施 的结果					

子学习情境 9.3　复合材料

情境导入

复合材料工作任务单

情　境	非金属材料				
学习任务	子学习情境 9.3：复合材料			完成时间	
任务完成	学习小组		组长		成员
任务要求	掌握复合材料的组成、分类及应用领域				

任务载体和资讯	 高分子基复合材料　　　　金属基复合材料 陶瓷基复合材料	**任务描述** 　　复合材料主要由基体和增强体两部分组成，根据基体的不同，可分为高分子基复合材料、金属基复合材料和陶瓷基复合材料 　　复合材料越来越多地被用于飞机制造行业。例如：波音 787 的最大特点是大量采用先进复合材料建造飞机骨架。那么复合材料相对于传统的金属材料或合金材料具有哪些方面的优势呢 资讯： 1．复合材料的概念 2．复合材料的不同组成及种类 3．复合材料的性能 4．复合材料的应用领域
资料查询情况		
完成任务小拓展	复合材料具有比强度、比模量高的性能优点，这对于航空航天和汽车行业要求的在保证性能的前提下减轻自身重量、节约能源和减少能耗具有重大意义	

知识链接

　　复合材料是由两种或两种以上性质不同的材料，经不同的工艺方法组合而成的材料，不同的非金属材料之间、金属材料之间、非金属材料与金属材料之间均可以相互复合。复合材料不仅有组成材料的优点，还有组合后新的特性，是单一材料无法比拟的。因此，复合材料发展迅速，在各个领域都得到广泛应用。

1 复合材料的组成及分类

复合材料由基体和增强体两部分组成。基体是复合材料的主体，即自身保持连续而包围增强体的材料。基体起粘结作用，可以是金属、高分子或陶瓷材料中的一种。复合材料的种类很多、分类方法也不尽统一。复合材料可以由金属材料、高分子材料和陶瓷材料中的任意两种或几种制备而成，常见的分类方法见表9-2，图9-2所示为部分复合材料的结构示意图。

表 9-2 复合材料的分类

分类方法	种类	增强体分布形态	备注
按增强体特征分	颗粒增强复合材料	硬质颗粒弥散而均匀地分布在基体中	发展最快、应用最广的是各种纤维（玻璃纤维、碳纤维、硼纤维、SiC 纤维、Al_2O_3）
	纤维增强复合材料	连续或短纤维增强基体材料	
	层叠复合材料	两种以上层片状材料	
按基体材料种类分	高分子复合材料	颗粒、纤维、层叠增强均可	应用最多的是高分子基复合材料和金属基复合材料
	金属基复合材料	颗粒、纤维、层叠增强均可	
	陶瓷基复合材料	颗粒、纤维、层叠增强均可	

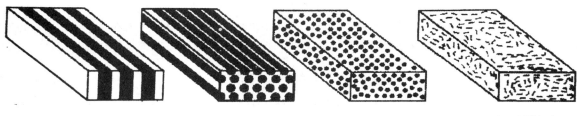

（a）层叠复合　　　　（b）连续纤维复合　　　　（c）颗粒复合　　　　（d）短切纤维复合

图 9-2 部分复合材料的结构示意图

2 复合材料的性能特点

（1）高的比强度和比模量。

复合材料最显著的特点是比强度和比模量高，对要求减轻自重和高速运转的结构和零件是非常重要的，碳纤维增强环氧树脂复合材料的比强度是钢的 7 倍，比模量是钢的 4 倍。

（2）良好的抗疲劳性能。

复合材料的疲劳极限较高，例如，碳纤维－聚酯树脂复合材料的疲劳极限是其抗拉强度的 70%～80%，而金属材料的疲劳极限只是其抗拉强度的40%～50%。

（3）破损安全性好。

纤维增强复合材料在每平方厘米截面上有几千至几万根增强纤维，当其中一部分受载荷作用断裂后，应力迅速重新分布，载荷由未断裂的纤维承担起来，所以断裂安全性好。

（4）良好的减振性能。

结构的自振频率除与结构本身的质量、形状有关外，还与材料的比模量的平方根成正比。材料的比模量越大，则其自振频率越高，可避免在工作状态下产生共振及由此引起的早期破坏。此外，即使结构已产生振动，由于复合材料的阻尼特性好，振动也会很快衰减。

（5）良好的耐高温性。

由于各种增强纤维一般在高温下仍可保持高的强度，所以用它们增强的复合材料的高温强度和弹性模量均较高，特别是金属基复合材料，如 7075 铝合金，在 400℃时，弹性模量接近于零，强度值也从室温时的 500MPa 降至 30MPa～50MPa。而碳纤维或硼纤维增强组成的复合材料，在 400℃时，强度和弹性模量可保持接近室温下的水平，碳纤维增强的镍基合金也有类似的情况。

（6）材料性能具有可设计性。

复合材料的物理性能、化学性能和力学性能都可以通过合理选择原材料的种类、配比、加工方法和纤维含量等进行设计，由于基体、增强体材料种类很多，故其选材设计的自由度很大。

（7）独特的成形工艺。

复合材料可以整体成形，这样可以减少零部件紧固和接头数目，简化结构设计，减轻结构重量。在中等批量生产的车型中，用树脂基复合材料取代铝材可降低 40%左右的成本。

3　复合材料的应用

根据结构特点的不同，复合材料可分为纤维复合、层叠复合、细粒复合和骨架复合等类型。这里仅介绍纤维复合材料。

（1）玻璃纤维增强塑料（玻璃钢）。

1）玻璃纤维热塑性增强塑料。一般它是以热塑性塑料为粘结材料，以玻璃纤维为增强材料制成的一种复合材料。热塑性塑料有尼龙、聚碳酸酯、聚乙烯和聚丙烯等。这类材料大量用于质量轻、强度高的机械零件，如航空机械、机车车辆、汽车、船舶及农机等受力热结构件、传动件和电机、电器绝缘件等。

2）玻璃纤维热固性增强塑料。一般它是以热固性塑料为粘结材料，以玻璃纤维为增强材料制成的一种复合材料。热固性塑料有环氧树脂、酚醛树脂、氨基树脂及有机硅等。这类材料的主要优点是质量轻、比强度高，成形工艺简单，耐蚀性、电波透过性好，作为结构材料广泛应用于各工业、各部门。

玻璃纤维增强塑料也称为玻璃钢。玻璃钢是汽车上应用最广的复合材料，目前在轿车、吉普车以及货车上使用的玻璃钢部件逐步增多。随着研究和开发的不断深入，将更多地用玻璃钢替代金属材料，以达到节能的目的。

（2）碳纤维增强塑料（CFRP）。

碳纤维增强塑料多以树脂为基体材料，常用树脂有环氧树脂、酚醛树脂和聚四氟乙烯等。

这种复合材料具有质量轻、强度高、热导率大、摩擦因数小、抗冲击性能好、疲劳强度高等优点。在机械工业中，常用于制作轴承、密封圈和衬垫板等。用碳纤维增强塑料制成的齿轮，质量轻且不需要润滑，减少了维修次数，这对于不允许用润滑油进行润滑的传动零件极为重要。

碳纤维树脂复合材料在航空工业中的应用也很多，可用来制造飞机的翼尖、翼尾、起落架支柱、直升机旋翼等，也可用于制造火箭、导弹的鼻锥体、喷嘴、人造卫星支承架等。采用碳纤维增强塑料生产的汽车零件有：发动机挺柱、保险杠骨架、传动轴、大梁、横梁及悬架板簧等。

（3）芳纶纤维复合材料。

这种材料是一种有机合成纤维，具有高强度、高弹性、低密度等特点，其强度与碳纤维相同，而质量比碳纤维轻 10%～15%，比玻璃纤维轻 45%；具有高的抗拉强度及压缩模量，耐破坏性、振动衰减性及抗疲劳性强，但成本高。采用芳纶纤维复合材料生产的汽车零件有：缓冲器、门梁、托架、铰链、变速器支架、压簧及传动轴等。

复合材料任务实施表

情　　境						
学习任务				完成时间		
任务完成人	学习小组		组长		成员	
完成情境任务所需的知识点						
情境任务实施的结果						

参考文献

[1] 张至丰. 金属工艺学（机械工程材料）[M]. 2 版. 北京：机械工业出版社，1999.

[2] 王雅然. 金属工艺学[M]. 2 版. 北京：机械工艺出版社，1999.

[3] 王英杰. 金属工艺学[M]. 北京：高等教育出版社，2001.

[4] 黄永荣. 金属材料与热处理[M]. 北京：北京邮电大学出版社，2012.

[5] 李红. 机械制造基础[M]. 北京：北京邮电大学出版社，2012.

[6] 王晓丽. 金属材料与热处理[M]. 北京：机械工业出版社，2013.

[7] 周超梅. 机械工程材料[M]. 北京：机械工业出版社，2013.

[8] 张至丰. 机械工程材料及成形工艺基础[M]. 北京：机械工业出版社，2007.

[9] 李炜新. 金属材料与热处理[M]. 北京：机械工业出版社，2007.

[10] 王鑫铝. 机械设计基础[M]. 北京：机械工业出版社，2007.